Siamak Bagheri

O impacto de Mnemiopsis leidyi no zooplâncton do Mar Cáspio?

Siamak Bagheri

O impacto de Mnemiopsis leidyi no zooplâncton do Mar Cáspio?

Associação do mesozooplâncton com Mnemiopsis leidyi (Ctenophora: Lobata) no sudoeste do Mar Cáspio

ScienciaScripts

Imprint
Any brand names and product names mentioned in this book are subject to trademark, brand or patent protection and are trademarks or registered trademarks of their respective holders. The use of brand names, product names, common names, trade names, product descriptions etc. even without a particular marking in this work is in no way to be construed to mean that such names may be regarded as unrestricted in respect of trademark and brand protection legislation and could thus be used by anyone.

Cover image: www.ingimage.com

This book is a translation from the original published under ISBN 978-3-659-86385-1.

Publisher:
Sciencia Scripts
is a trademark of
Dodo Books Indian Ocean Ltd. and OmniScriptum S.R.L publishing group

120 High Road, East Finchley, London, N2 9ED, United Kingdom
Str. Armeneasca 28/1, office 1, Chisinau MD-2012, Republic of Moldova, Europe
Managing Directors: Ieva Konstantinova, Victoria Ursu
info@omniscriptum.com

Printed at: see last page
ISBN: 978-620-8-51267-5

Tabelas de conteúdos

Introdução

Mnemiopsis leidyi Agassiz, 1865 (Ctenophora: Lobata), endémica da costa leste da América do Norte e do Sul, é classificada como uma espécie invasora muito bem sucedida. Foi transportada, muito possivelmente em água de lastro, para os mares europeus, onde desenvolveu florescências localizadas maciças. Foi descoberta pela primeira vez no Mar Negro em meados da década de 1980 (Kideys & Niermann, 1994; Mutlu, 2009) e, até à data, está estabelecida no Mar Cáspio (Esmaeili *et al.*, 1999; Ivanov *et al.*, 2000; Shiganova *et al*, 2001a), no Mar Mediterrâneo (Galil *et al.*, 2009; Boero, 2009; Fuentes, 2009), no Mar do Norte e no Mar Báltico (Faassel & Bayha, 2006; Oliveira, 2007; Javidpour *et al.*, 2009a; Hintikainen, 2009).

A expansão de *M. leidyi* no Mar Cáspio desde 1999 (Ivanov *et al.*, 2000) foi associada a mudanças notáveis na biodiversidade do zooplâncton, do macrobentos e dos peixes (Kideys *et al.*, 2008; Roohi *et al.*, 2010). Durante este período, registou-se um declínio acentuado das espécies de zooplâncton (Shiganova *et al.*, 2004; Kideys *et al.*, 2005b) e das capturas de peixes (Daskalov & Mamedov, 2007). Cerca de metade das espécies de mesozooplâncton que se encontravam normalmente no sul do mar Cáspio em 1996 estavam ausentes durante o período de 2001 a 2006 (Roohi *et al.*, 2008). Além disso, a abundância média anual de zooplâncton foi reduzida de duas a cinco vezes em relação a 1996.

Neste estudo, o estado de *M. leidyi* e a composição das comunidades mesozooplanctónicas da costa sudoeste iraniana do Mar Cáspio foram investigados e comparados com os resultados anteriores a 2006. O objetivo mais importante deste capítulo é responder às perguntas frequentes de :

1- Qual é a distribuição, a abundância, a biomassa e a estrutura de tamanhos de *Mnemiopsis leidyi* após o seu aparecimento no sudoeste do Mar Cáspio de 2001 a 2010?

2- A riqueza, diversidade, distribuição e abundância das espécies de zooplâncton alteraram-se durante o período de estudo? Em caso afirmativo, estas alterações estão correlacionadas com a dimensão das populações de *M. leidyi* ou com outras variações dos parâmetros ambientais?

Materiais e métodos

No âmbito de um programa a longo prazo de acompanhamento do desenvolvimento de *Mnemiopsis leidyi*, do zooplâncton, do fitoplâncton e dos parâmetros ambientais da costa sul iraniana da província de Guilan pela Organização Iraniana de Investigação das Pescas (IFRO), foi estudada a distribuição de *Mnemiopsis leidyi* e das populações de zooplâncton na costa sudoeste iraniana do Mar Cáspio (Bagheri *et al.,* 2012a, 2013a, b). A amostragem foi efectuada a 5 m, 10 m, 20 m e 50 m de profundidade durante o período de estudo. Uma descrição pormenorizada da área sob investigação, estratégias e métodos de amostragem é apresentada por Bagheri (2012).

Os indivíduos de *Mnemiopsis leidyi foram* amostrados com uma rede de plâncton METU (malha de 500 µm) (Kideys *et al.*, 2001). O zooplâncton foi recolhido nas mesmas estações e à mesma profundidade que *M. leidyi* com uma rede de plâncton Juday (malhagem: 100 µm) (Vinogradov *et al.*, 1989). A identificação ao nível das espécies, das fases do ciclo de vida ou dos grupos taxonómicos foi efectuada com um microscópio invertido (Harris *et al.*, 2000). A classificação taxonómica do zooplâncton foi efectuada com base em Birshtain *et al.* (1968), Ruttner (1974), Kasimov (1982) e James & Covich (2001). Além disso, as caraterísticas hidroquímicas e físicas foram fornecidas por Bagheri (2012).

O índice de biodiversidade para a comunidade zooplanctónica foi feito através da diversidade de Shannon Wiener (Krebs, 1994). A análise não paramétrica (Kruskal-Wallis) seguida do teste de Conover-Inman para o zooplâncton e *Mnemiopsis leidyi* foi utilizada para determinar a diferença significativa das variáveis entre estações e anos. Os coeficientes de correlação de Spearman (R) foram calculados para avaliar as relações entre a abundância de zooplâncton e a abundância de *Mnemiopsis leidyi*. A Análise de Componentes Principais (PCA) e a Análise de Correspondência Canónica (CCA) foram utilizadas para determinar os taxa dominantes e a relação entre a abundância de zooplâncton e as variáveis ambientais, respetivamente (Ter Braak, 1986).

Resultados

Taxa de zooplâncton

Foi encontrado um total de 61 taxa de zooplâncton, pertencentes a 48 taxa de holozooplâncton na área de investigação (Tabela 1, Apêndice A). Catorze deles, *Pleroxus trigenellus* O. F. Mueller, *Chydorus* sp. Leach, *Moina* sp. Baird, todos Cladocera, o copépode *Cyclops* sp. Risso, *Cyclops* sp. nauplii e os rotíferos *Filinia* sp. Vincent, *Keratella cochlearis, Lecane* sp. Nitzsch, *Notholca acuminate* Ehrenberg, *Philodina* sp. Ehrenberg, *Polyarthera dolichoptera* Idelson, *Testudinella patina* Hermann, *Trichocerca* sp. Lamarck e *Trichocerca caspia* Tschugunoff são espécies de águas salobras da zona.

Treze taxa de meroplâncton consistiam em indivíduos de aranhas de água (Arachnida), caranguejo (*Rhithropanopeus harrisii* Gould), Foraminifera, larvas de Ostracoda, *Asteromeyenia* sp. Weltner, *Pseudocuma* sp. G.O. Sars, e larvas de Bivalvia, Nematoda, Polychaeta (*Nereis* sp. Linnaeus, *Hypania* sp. Ostroumouw), Pisces (ovos e larvas), e Cirripedia multitudinária (*Balanus* sp. Costa) representada por larvas de náuplios e ciprestes (Quadro 1). Trinta e quatro taxa de holoplâncton pertencem a Ctenophora (*Mnemiopsis leidyi* A. Agassiz), Ciliata (*Codonella* sp. Haeckel, *Codonella relicta* Minikiewich, *Tintinnopsis* sp. Lamarck, *Tintinnopsis karajacensis* Brandt, e *Tintinnopsis tubulosa* Levander), Rotifera (*Brachionus* sp. Pallas, *Brachionus angularis* Gosse, *Brachionus calyciflorus* Pallas, *Brachionus plicatilis* Mueller, *Synchaeta* sp. Ehrenberg, *Synchaeta krogne krogne* Kasimov, *Synchaeta stylata* Wierzejski, *Synchaeta vorax* Rousselet), Cladocera (*Cercopagis pengoi* Ostroumov, *Cercopagis prolongata* G. O. Sars, *Evaden anonyx* Sars, *Podonevadne* sp. Gibitz, *Podonevaden angusta* G.O. Sars, *Podonevaden camptonyx* G.O. Sars, *Podonevaden trigona* G.O. Sars, *Podon intermedius* Lilljeborg, *Pleopis polyphemoides* Leuckart, *Polyphemus exiguus* G.O. Sars), e Copepoda (*Acartia tonsa* Dana, *Calanipeda aquaeducis* Kritchagin, *Eurytemora grimmi* G.O. Sars, *Halicyclops sarsi* Akatova, *Harpacticoidae, Limnocalanus grimaldii grimaldii* Guerne) (apêndice B).

Quadro 1: Lista de controlo da composição dos taxa de zooplâncton no sudoeste do mar Cáspio durante o período de 1996 a 2010

Holoplankton Taxa	1996-1997	2001	2002	2003	2004	2005	2006	2008	2009-2010
Ctenophora									
**Mnemiopsis leidyi* A. Agassiz, 1865		■	■	■	■	■	■	■	■
Ciliata									
Codonella Haeckel, 1873			■						
Codonella relicta Minkiewich, 1905		■	■						■
Tintinnopsis Stein 1867		■	■						
Tintinnopsis karajacensis Brandt, 1896		■							
Tintinnopsis tubulosa Levander, 1900		■	■	■	■	■		■	■
Cladocera									
Cercopagis pengoi Ostroumov, 1891	■								
Cercopagis prolongata G.O. Sara, 1897	■								
Chydorus Leach, 1843								■	
Evaden anonyx G.O. Sars, 1897	■								
Moina Baird, 1850								■	
Pleroxus trigonellus O.F. Muller, 1785								■	
Podonevadne Gibitz, 1922								■	
Podonevaden angusta G.O. Sars, 1902	■								
Podonevaden camptonyx G.O. Sars, 1897	■								
Podonevaden trigona G.O. Sars, 1897	■								
Podon intermedius Lilljeborg, 1853	■								

(*): Espécies exóticas; Sombreado preto: Taxa atual

Holoplankton Taxa	1996-1997	2001	2002	2003	2004	2005	2006	2008	2009-2010
Cladocera									
**Pleopis polyphemoides* Leuckart, 1859	■		■		■	■	■	■	■
Polyphemus exiguus G.O. Sars, 1897	■								
Copepoda									
**Acartia tonsa* nauplii	■	■	■	■	■	■	■	■	■
**Acartia tonsa* Dana, 1849	■	■	■	■	■	■	■	■	■
**Calanipeda aquaedulcis* nauplii	■								
**Calanipeda aquaedulcis* Kritchagin, 1873	■								
Cyclop nauplii								■	
Cyclop Risso, 1826	■	■		■	■	■		■	■
Eurytemora grimmi nauplii	■								
Eurytemora grimmi G.O. Sars, 1897	■								
Halicyclops sarsi Akatova, 1935	■		■						■
Ectinosoma concinnum Akatova, 1935	■							■	
Limnocalanus grimaldii grimaldii nauplii	■								
Limnocalanus grimaldii Gueme, 1886	■								

(*): Espécies exóticas; Sombreado preto: Taxa atual

Holoplankton Taxa	1996-1997	2001	2002	2003	2004	2005	2006	2008	2009-2010
Rotifera									
Brachionus Pallas, 1766					■	■			
Brachionus angularis Gosse, 1851		■	■						
Brachionus calyciflorus Pallas, 1766			■		■	■	■		■
Brachionus plicatilis Muller, 1786		■	■					■	■
Filinia Bory de St. Vincent, 1824			■						
Keratella cochlearis (Gosse, 1851)		■	■	■				■	■
Lecane Nitzsch, 1827		■							
Notholca acuminata Ehrenberg, 1832			■						
Philodina Ehrenberg, 1830									■
Polyarthera dolichoptera Idelson, 1925			■						■
Synchaeta Ehrenberg, 1832	■	■	■	■	■	■	■		■
Synchaeta krogne krogne Kasimov, 1994	■							■	■
Synchaeta stylata Wierzejski, 1893	■								
Synchaeta vorax Rousselet, 1902	■						■		
Testudinella patina Hermann, 1783									■
Trichocerca Lamarck, 1801			■						
Trichocerca capica Tschugunoff, 1921			■						

Sombreado preto: Taxa atual

Meroplankton Taxa	1996-1997	2001	2002	2003	2004	2005	2006	2008	2009-2010
Arachnida Cuvier, 1812									
Arachnida Larvae	■							■	■
Balanus Costa, 1778									
Balanus sp. cypris	■	■	■	■	■	■	■	■	■
Balanus sp. nauplii	■	■	■	■	■	■	■	■	■
Crustacea									
Rhithropanopeus harrisii (Gould, 1841)	■								
Foraminifera									
Foraminifera larvae	■	■	■		■	■			■
Bivalvia Linnaeus, 1758									
Bivalvia larvae	■	■	■	■	■	■	■	■	
Nematoda									
Nematoda larvae					■	■	■	■	■
Ostracoda Latreille, 1802									
Ostracoda larvae			■						

Sombreado preto: Taxa atual

Meroplankton Taxa	1996-1997	2001	2002	2003	2004	2005	2006	2008	2009-2010
Pisces									
Pisces larvae	■	■	■		■	■	■	■	■
Pisces ovae	■	■			■	■	■	■	■
Polychaeta									
Hypania Ostroumouw, 1897								■	
Nereis Linnaeus, 1758		■	■	■	■	■	■	■	■
Porifera									
Asteromeyenia Weltner, 1913								■	
Cumacea									
Pseudocuma G.O. Sars, 1865	■								

Sombreado preto: Taxa atual

A composição anual das espécies de zooplâncton (meroplâncton e holoplâncton) variou entre

1996 e 2010. O número de espécies variou entre 33 e 11, respetivamente, em 1996/1997 e 2003. Os grupos taxonómicos máximos e mínimos de meroplâncton (4 e 10 espécies) foram observados em 2003 e 2008. As variações da composição dos taxa de holoplâncton foram diferentes (7 a 24 espécies) durante o período de estudo (Figura 5.1).

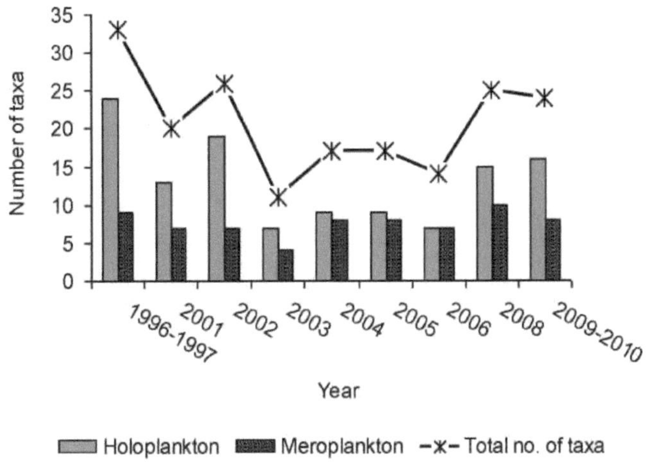

Figura 1: Variações anuais de diferentes grupos taxonómicos de zooplâncton em todas as estações no sudoeste do Mar Cáspio durante 1996 a 2010.

As variações anuais do índice de diversidade de Shannon-Wiener e da Evenness são apresentadas na Figura 5.2. A diversidade de espécies variou entre 1,87 e 1,05, respetivamente em 1996/1997 e 2003. A média do índice de diversidade (H' = 1,46 ± 0,28) é apresentada na Figura 5.2. O índice de uniformidade anual foi semelhante durante o período de estudo e calculado em 0,5 ± 0,09 (índice de uniformidade). O valor mais elevado do índice de Evenness registado foi de 0,65 em 2006.

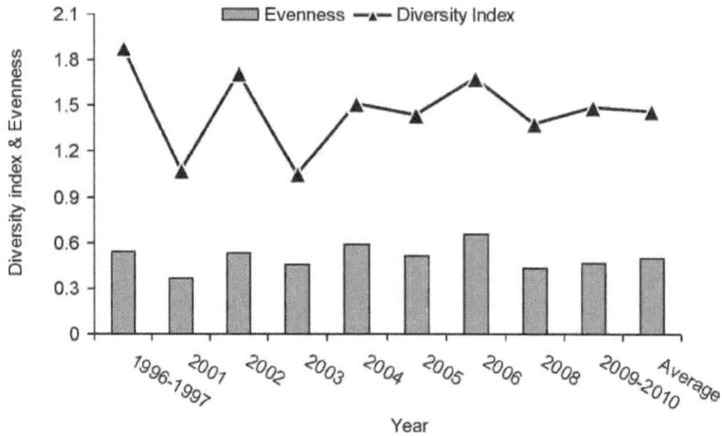

Figura 2: Variações anuais da diversidade e regularidade das espécies de zooplâncton em todas as estações no sudoeste do Mar Cáspio durante 1996 a 2010.

Distribuição de *Mnemiopsis leidyi*

Verificou-se que a abundância anual e a biomassa de *Mnemiopsis leidyi* eram diferentes entre 2001 e 2010 (Figura 3a, b). Em relação à abundância, *M. leidyi* não diferiu muito na maioria dos anos, exceto em 2003 e 2008 (Figura 3a). A abundância *de M. leidyi* variou entre 415 ind.m^{-3} e 180 ind.m^{-3} respetivamente durante 2003 e 2008, com a média calculada em cerca de 300 ind.m^{-3} durante 2001 a 2010 (Figura 3a). A biomassa *de M. leidyi* era moderada antes de 2004. A partir de 2004, a biomassa de *M. leidyi* aumentou significativamente até 2006 (Figura 3b). A biomassa mais elevada de *M. leidyi* (quase 44,0 g.m^{-3}) ocorreu em 2005-2006 e a biomassa mais baixa (7,44 g.m^{-3}) registou-se em 2001 (Figura 3b).

A análise estatística (Kruskal-Wallis) mostrou que não houve diferença significativa (abundância, Figura 3a) entre 2001, 2002, 2003, 2004, 2005, 2006 e 2009/2010, também não houve diferença significativa entre 2001, 2002, 2004, 2005, 2006, 2008 e 2009/2010. No entanto, houve uma diferença significativa entre os anos de 2003 e 2008 (Figura 3a, $p < 0,05$). Além disso, a análise estatística mostrou que não houve diferença significativa (biomassa, Figura 3b) entre 2001, 2002, 2003, 2004, 2008 e 2009/2010. No entanto, houve uma diferença significativa entre 2005, 2006 e 2001, 2002, 2003, 2004, 2008 e 2009/2010 (Figura 3b, $p < 0,05$).

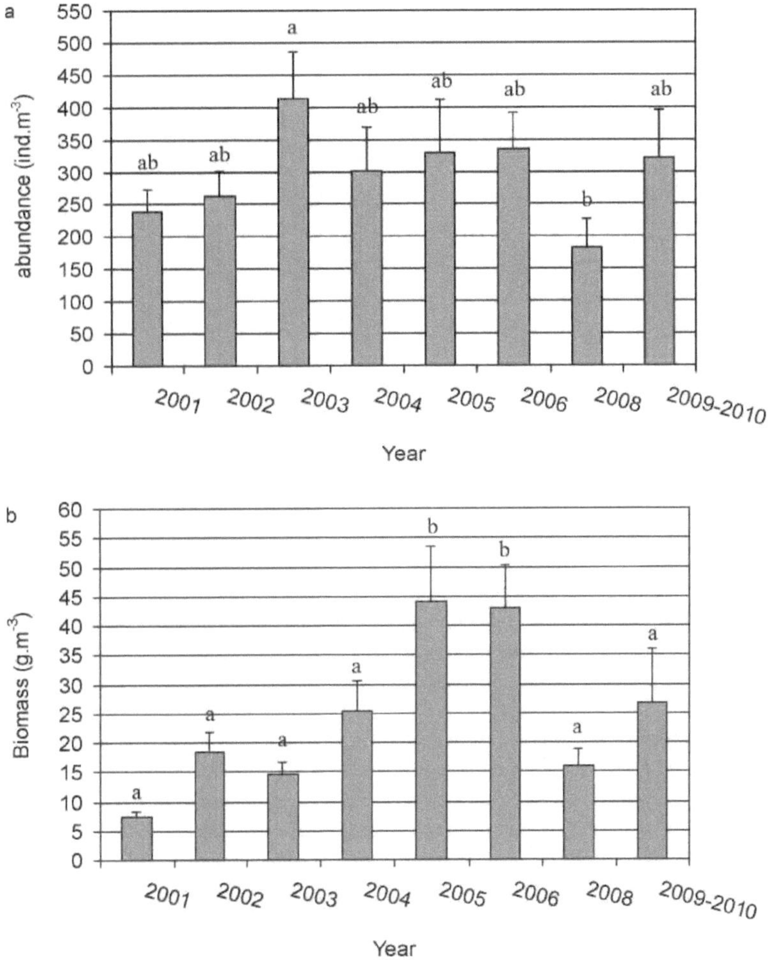

Figura 3: Flutuações em (a) abundância e (b) biomassa (± SE) de *M. leidyi* em todas as estações no sudoeste do Mar Cáspio durante 2001 a 2010. As médias com letras diferentes (a, b) indicam diferenças significativas ($p < 0,05$).

A abundância e a biomassa de *M. leidyi* apresentaram flutuações sazonais com períodos de floração irregulares desde a primavera até ao outono (Quadros 2, 3). No inverno e na primavera, *M. leidyi* foi rara, exceto no inverno de 2003. A abundância de *M. leidyi* aumentou durante o verão e o outono, de 7 e 5 ind.m^{-3} no inverno (2008) e na primavera (2009/2010), e tornou-se muito abundante no verão e atingiu a abundância máxima no outono (2005) com mais de 500 ind.m^{-3} (Tabela 5.2). A biomassa de *M. leidyi* foi mais baixa no inverno (2008,

0,06 g.m^{-3} , Tabela 3), e mais alta no verão (2005, 85,5 g.m^{-3} , Tabela 3). A análise estatística mostrou que a abundância e a biomassa de *M. leidyi* foram significativamente diferentes entre as estações ($p < 0,05$, Tabelas 2, 3).

Tabela 2: Abundância sazonal (± SE) de *M. leidyi* em todas as estações no sudoeste do Mar Cáspio durante 2001 a 2010. As médias com letras diferentes (a, b, c) indicam diferenças significativas ($p < 0,05$).

	Abundância			
Época	**inverno**	**primavera**	**verão**	**outono**
2001	38 ± 16^{a}	-	219 ± 56^{b}	272 ± 46^{b}
2002	144 ± 62^{ab}	48 ± 9^{a}	335 ± 58^{bc}	465 ± 105^{c}
2003	426 ± 89	-	-	401 ± 122
2004	-	49 ± 14^{a}	449 ± 103^{b}	432 ± 123^{b}
2005	19 ± 10^{a}	204 ± 77^{b}	328 ± 124^{bc}	515 ± 161^{c}
2006	62 ± 32^{a}	72 ± 19^{a}	789 ± 127^{b}	389 ± 56^{c}
2008	7 ± 4^{a}	21 ± 5^{a}	182 ± 32^{a}	504 ± 123^{b}
2009-2010	58 ± 7^{a}	5 ± 2^{a}	589 ± 158^{b}	482 ± 114^{b}

Tabela 3: Biomassa sazonal (± SE) de *M. leidyi* em todas as estações no sudoeste do Mar Cáspio durante 2001 a 2010. As médias com letras diferentes (a, b, c) indicam diferenças significativas ($p < 0,05$).

	Biomassa			
Época	**inverno**	**primavera**	**verão**	**outono**
2001	0.65 ± 0.27^{a}	-	5.76 ± 1.03^{ab}	9.13 ± 1.44^{b}
2002	2.45 ± 1.05^{a}	5.64 ± 0.80^{a}	19.64 ± 4.06^{a}	45.75 ± 13.48^{b}
2003	11.82 ± 2.20	-	-	17.98 ± 2.93
2004	-	2.42 ± 0.67^{a}	39.65 ± 13.41^{b}	37.04 ± 6.47^{b}
2005	0.63 ± 0.32^{a}	50.38 ± 19.64^{b}	85.52 ± 19.92^{b}	36.45 ± 9.82^{b}
2006	3.94 ± 2.25^{a}	61.29 ± 16.83^{b}	42.30 ± 14.53^{b}	52.36 ± 10.65^{b}
2008	0.06 ± 0.03^{a}	12.09 ± 4.18^{ab}	37.38 ± 14.04^{c}	14.04 ± 4.16^{b}
2009-2010	1.41 ± 0.31^{a}	0.51 ± 0.27^{a}	41.65 ± 15.13^{b}	44.18 ± 18.35^{b}

Distribuição vertical de *Mnemiopsis leidyi*

Numa base anual, a comparação dos lanços verticais de 0-20 m e 20-50 m de profundidade na estação de 50 m de profundidade revelou que a maioria dos indivíduos de *M. leidyi* estavam distribuídos na camada superior da coluna de água (Figura 4). Os indivíduos de *M. leidyi* na camada profunda aumentaram de 2005 a 2009/2010 (Figura 4). Em 2003, 95 % (quase 300 ind.m^{-3}) dos indivíduos estavam distribuídos acima dos 20 m de profundidade, enquanto que em 2009/2010, 65 % (quase 260 ind.m^{-3}) da população estava dentro da camada superior (Figura 4).

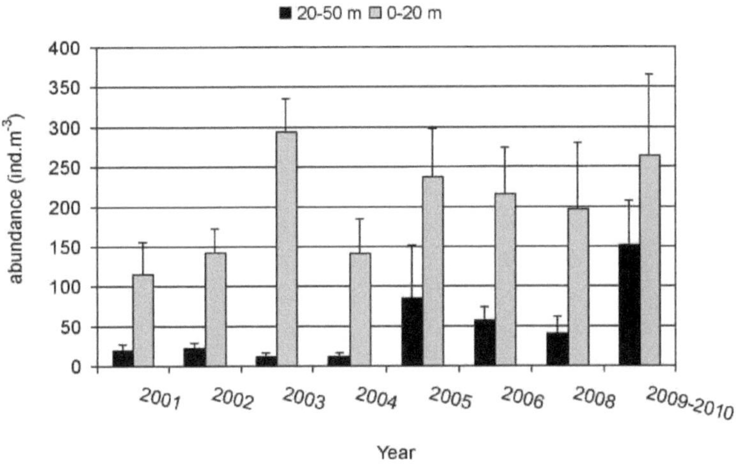

Figura 4: Distribuição vertical anual de *M. leidyi* na camada superior 0-20 m e na camada profunda 20-50 m no sudoeste do Mar Cáspio durante 2001 a 2010.

Numa base sazonal, 95 % dos indivíduos estavam distribuídos acima dos 20 m de profundidade no inverno (acima dos 20 m: 130 ind.m^{-3} e abaixo dos 20 m: 7 ind.m^{-3}), enquanto na primavera, esta camada registava 88 % dos indivíduos (acima dos 20 m: 50 ind.m^{-3} e abaixo: 7 ind.m^{-3} (Figura 5). Com o aumento do número de indivíduos no verão e no outono, a percentagem de indivíduos abaixo dos 20 m de profundidade aumentou para quase 20 % no verão (30 ind.m^{-3}) e no outono (45 ind.m^{-3}) ($p < 0{,}05$).

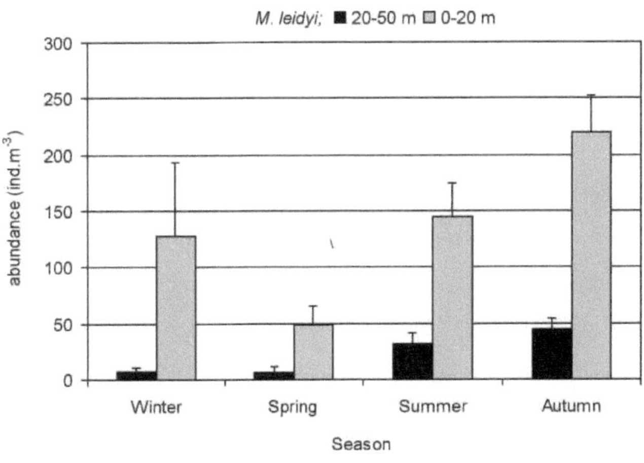

Figura 5: Distribuição vertical sazonal de *M. leidyi* na camada superior 0-20 m e na camada profunda 20-50 m no sudoeste do Mar Cáspio durante 2001 a 2010.

Estrutura dimensional de *Mnemiopsis leidyi*

A distribuição do comprimento de *M. leidyi* durante o período de estudo está resumida na Tabela 4. A predominância de indivíduos pequenos < 5 mm (larvas) é óbvia neste estudo. O tamanho adulto de *M. leidyi* foi > 11 mm (adultos); os indivíduos maiores foram excepcionais. O maior indivíduo (65 mm) foi capturado no outono de 2006.

Tabela 4: Estrutura de tamanho (comprimento total; mm) da população de *M. leidyi* em todas as estações no sudoeste do Mar Cáspio durante 2001 a 2010. Percentagem calculada a partir de todos os indivíduos medidos recolhidos durante todo o período de amostragem. 1-5 mm = larvas; 6-10 mm = pós-larvas; > 11 mm = adultos

	Ano, %							
	2001	**2002**	**2003**	**2004**	**2005**	**2006**	**2008**	**2009/2010**
Grupo de dimensão								
1-5	91.8	92.7	90.57	87.5	88.46	86.9	90.2	87.52
6-10	6.48	4.2	6.3	8.1	6.32	5.19	3.1	3.11
11-15	1.2	2.4	2	3.57	3.47	3.2	3.08	7.15
16-20	0.3	0.45	0.6	0.2	0.6	1.35	1.23	0.5
21-25	0.1	0.1	0.2	0.29	0.47	1.41	1.4	0.55
26-30	0.03	0.08	0.1	0.18	0.35	1.47	0.9	0.44
31-35	0	0	0.1	0	0.07	0.3	0.03	0
36-40	0.05	0.03	0.1	0.08	0.12	0.15	0.02	0.7
41-45	0	0	0	0.03	0	0	0	0
46-50	0.03	0.02	0	0	0.07	0	0.02	0.04
51-55	0.01	0.02	0.03	0.05	0.02	0	0	0
56-60	0	0	0	0	0.02	0	0.01	0
61-65	0	0	0	0	0	0.04	0.01	0
Indivíduos	16300	18000	6200	7000	5600	8700	7800	7400

O número de indivíduos da classe de tamanho mais pequeno de *M. leidyi* (< 5 mm) dominou a população em todas as estações durante o período de estudo (Figura 6). No inverno, representaram 94%, enquanto no verão 91% de todos os indivíduos recolhidos. Os indivíduos maiores foram encontrados em proporções mais elevadas apenas na primavera e no outono. Na primavera, a percentagem de indivíduos de tamanho médio (6-20 mm) e grande (> 20 mm) foi a mais elevada (33 % e 22 %, respetivamente). No outono, a proporção destes grupos de tamanho (6-20 e > 20 mm) diminuiu para 18%. No verão, apenas 6 % dos indivíduos pertenciam ao grupo de tamanho médio (6-20 mm), enquanto os indivíduos grandes (> 20 mm) contribuíam com cerca de 3 % do número total de indivíduos.

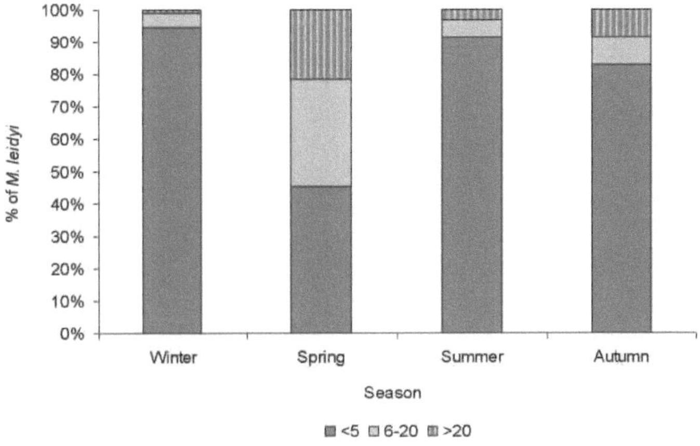

Figura 6: Estrutura de tamanho (comprimento total, mm) da população de *M. leidyi* em todas as estações do sudoeste do mar Cáspio em diferentes estações.

Distribuição do zooplâncton

Os resultados mostraram que as abundâncias de zooplâncton foram diferentes durante o período de estudo. A abundância de zooplâncton passou de > 55 000 ind.m^{-3} para 7000 ind.m^{-3}, respetivamente em 1996/1997 e 2008 (Figura 7). Em 2008, a abundância total representou quase 12% da abundância total de 1996/1997, enquanto em 2009-2010 a abundância total foi de cerca de 70% dos valores de 1996/1997. O teste estatístico revelou que não houve diferença significativa entre 2001, 2003, 2004, 2006 e 2009/2010, também não houve diferença significativa entre 2002, 2005 e 2008, e entre 1996/1997 e 2009/2010. No entanto, houve uma diferença significativa entre 1996/1997 e 2001, 2002, 2003, 2004, 2005, 2006 e 2008 (Kruskal-Wallis, $p < 0,05$, Figura 7).

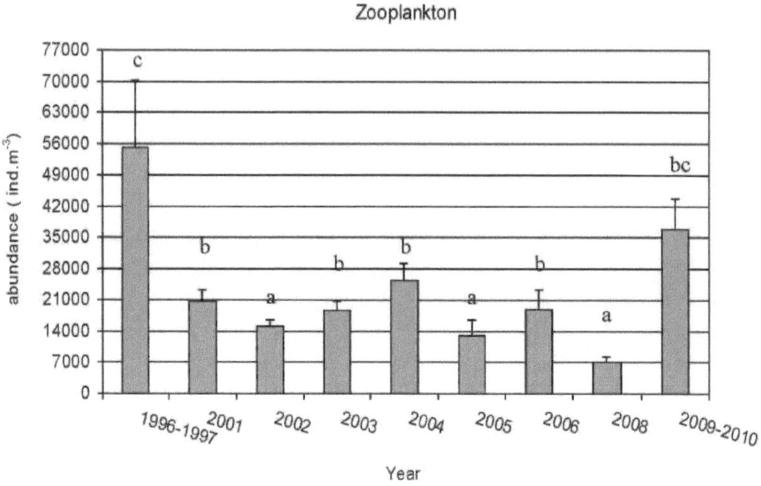

Figure 7: Variações anuais da abundância de zooplâncton (± SE) em todas as estações no sudoeste do Mar Cáspio durante 1996 a 2010. As médias com letras diferentes (a, b, c) indicam diferenças significativas ($p < 0,05$).

Os sete grupos de zooplâncton mais abundantes foram os Bivalvia, Cladocera, Cirripedia, Ciliata, Polychaeta, Rotifera e Copepoda, que constituíram mais de 90% de todos os indivíduos amostrados. Em cada grupo, apenas um taxa foi claramente dominante: O copépode *Acartia tonsa* foi o taxa globalmente mais dominante da comunidade planctónica em todas as estações (Figura 10). O Cirripedia *Balanus* sp. e o Bivalvia larvea dominaram a comunidade zooplanctónica no inverno e na primavera e no outono e na primavera, respetivamente (Figura 11a, b). As larvas de Ciliata *Tintinnopsis* sp. e de Polychaeta *Nereis* sp. foram predominantes no outono-inverno e no verão-outono, respetivamente (Figura 11c, d). Os Rotifera *Synchaeta* sp. e os Cladocera *Pleopis polyphemoides* formaram a maior abundância no inverno-primavera e na primavera, respetivamente (Figura 11e, f).

Em 1996-1997, as larvas de Bivalvia formaram mais de metade da comunidade (52%), enquanto *a Acartia tonsa* contribuiu com 29%. *A. tonsa* tornou-se dominante na abundância de zooplâncton durante 2001-2010 (Figura 8).

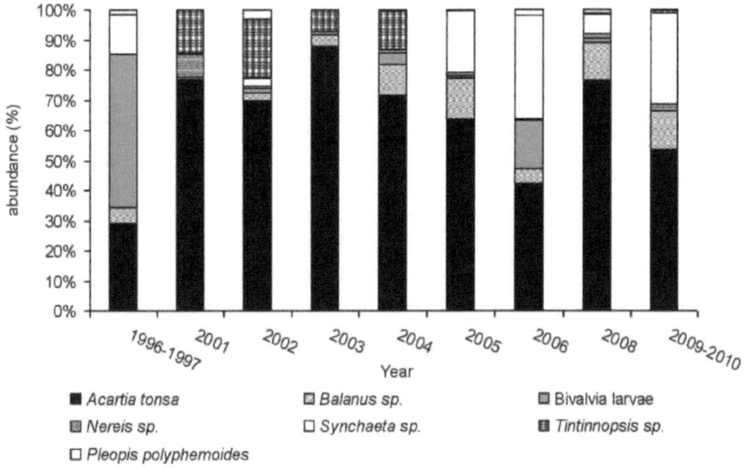

Figure 8: Variações anuais dos taxa de zooplâncton em todas as estações no sudoeste do Mar Cáspio durante 1996 a 2010.

***Acartia tonsa*:** A abundância total de *A. tonsa* (incluindo náuplios) variou consideravelmente durante o período de estudo (Figura 9), com a abundância total *de A. tonsa* variando entre 5.000 e 20.000 ind.m^{-3} , respetivamente em 2008 e 2009/2010. O teste estatístico mostrou que a abundância *de A. tonsa* foi significativamente diferente entre 2008 e 2009/2010 com outros anos (p < 0,05, Figura 9). O teste estatístico revelou que não houve diferença significativa entre 1996/1997, 2001, 2002, 2003 e 2008, também não houve diferença significativa entre 1996/1997, 2001, 2002, 2003, 2004, 2005 e 2006. Além disso, não se registaram diferenças significativas entre 1996/1997, 2001, 2002, 2003, 2004 e 2009/2010. No entanto, houve diferença significativa entre 2008 e 2004, 2005, 2006, e também houve diferença significativa entre 2009/2010 e 2004, 2005 e 2008 (Kruskal-Wallis, p < 0,05, Figura 9).

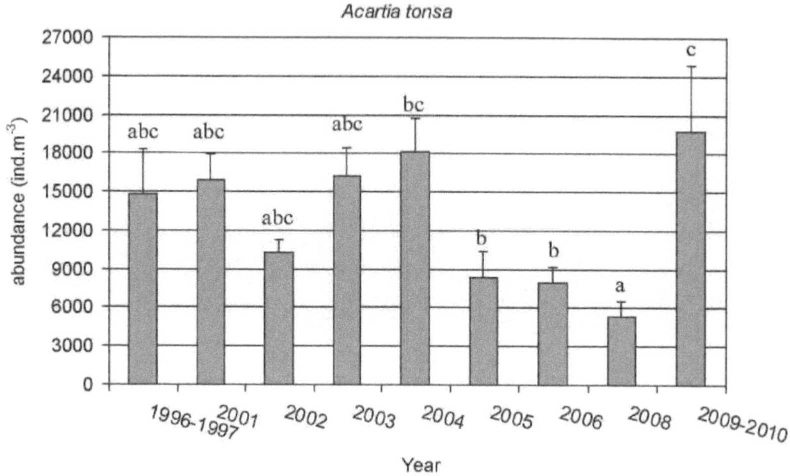

Figura 9: Variações anuais da abundância *de Acartia tonsa* em todas as estações no sudoeste do Mar Cáspio durante 1996 a 2010. As médias com letras diferentes (a, b, c) indicam diferenças significativas ($p < 0,05$).

A maior abundância de *A. tonsa* (mais de 16.000 ind.m^{-3} , Figura 10) foi observada no outono, enquanto a menor abundância (8.500 ind.m^{-3}) foi registada no inverno (Figura 10). A análise estatística mostrou que a abundância *de A. tonsa* foi significativamente diferente entre o outono e as outras estações (Kruskal-Wallis, $p < 0,05$, Figura 10).

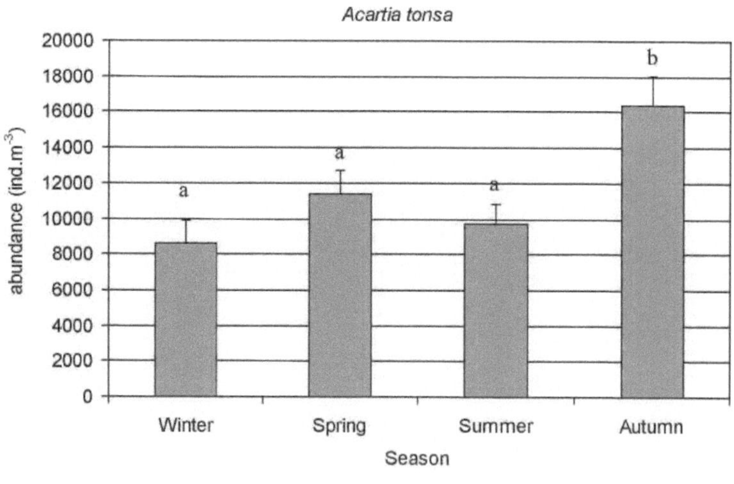

Figura 10: Variações sazonais da abundância *de Acartia tonsa* em todas as estações no sudoeste do Mar Cáspio durante 1996 a 2010. As médias com letras diferentes (a, b) indicam diferenças significativas ($p < 0,05$).

***Balanus* sp.**: As variações na abundância de *Balanus* sp. durante as diferentes estações e anos foram ilustradas na Tabela 5 e na Figura 11a. Os resultados mostraram que a abundância *de Balanus* sp. diferiu entre 1996 e 2010. A maior abundância de *Balanus* sp. de mais de 4.700 ind.m^{-3} foi registada em 2009/2010, enquanto a menor (100 ind.m^{-3}) foi registada em 2001. De acordo com o teste estatístico, a abundância *de Balanus* sp. foi significativamente diferente entre 2009/2010 e os outros anos (p < 0,05, Tabela 5). A maior e a menor abundância de *Balanus* sp. (quase 3.000 e 300 ind.m^{-3} , respetivamente) foram registadas na primavera e no verão (Figura 11a). O teste estatístico revelou que a abundância *de Balanus* sp. foi significativamente diferente entre o outono-inverno e a primavera-verão (p < 0,05, Figura 11a).

Larvas de Bivalvia e larvas *de Nereis* sp. : As variações da abundância de meroplâncton como as larvas de Bivalvia e as larvas do poliqueta *Nereis* sp. foram muito grandes de 1996 a 2010 (Tabela 5). A abundância de Bivalvia variou entre 26.000 e 25 ind.m^{-3} respetivamente em 1996/1997 e 2003 (Tabela 5). A abundância máxima e mínima de larvas *de Nereis* sp. foi de 1560 e 65 ind.m^{-3} em 2001 e 2006. As larvas *de Nereis* sp. não foram observadas durante a amostragem de 1996/1997, enquanto os Bivalvia e as larvas de *Nereis* sp. tiveram uma abundância elevada no outono e na primavera e no verão e no outono, respetivamente (Figura 11b, c). A análise estatística mostrou diferenças significativas na abundância de meroplâncton durante as estações (p < 0,01, Figura 11b, c). Houve diferenças significativas na abundância de larvas de Bivalvia e *Nereis* sp. durante os anos de 1996/1997 e 2001 em relação aos outros anos, respetivamente (p < 0,01, Tabela 5).

***Tintinnopsis* sp.:** A flutuação de *Tintinnopsis* sp. é apresentada no quadro 5 e na figura 11d. A abundância *de Tintinnopsis* sp. variou consideravelmente nos diferentes anos e estações. A abundância mais elevada deste holoplâncton, 32 000 ind.m^{-3} , foi observada em 2004, não tendo sido registada qualquer ocorrência em 1996/1997 e 2006 (Tabela 5). A floração de *Tintinnopsis* sp. ocorreu no inverno e no outono (3800 e 2600 ind.m^{-3} , respetivamente; Figura 11d). O teste estatístico revelou que *Tintinnopsis* sp. foi significativamente diferente entre estações (outono e inverno com outras estações, p < 0,01, Figura 11d), e anos (2001, 2002 & 2004 com outros anos, p < 0,01, Tabela 5).

***Synchaeta* sp.:** A abundância do rotífero *Synchaeta* sp. variou entre 1,0 e > 11.000 ind.m^{-3} , respetivamente durante 2003 e 2009/2010 (Tabela 5). O florescimento sazonal de *Synchaeta* sp. foi no inverno e na primavera, com uma abundância de 6.500 e 5.300 ind.m^{-3} , respetivamente, durante os períodos de 1996 a 2010 (Figura 11e). A análise estatística mostrou que a abundância *de Synchaeta* sp. foi significativamente diferente entre as estações (inverno e primavera com outras estações, $p < 0{,}01$, Figura 11e) e anos (2009/2010 com outros anos, $p < 0{,}01$, Tabela 5).

Pleopis polyphemoides: A variação do cladócero *P. polyphemoides foi* drástica de ano para ano, com uma abundância elevada (737 ind.m^{-3}) em 1996/1997, não tendo sido registada qualquer ocorrência em 2001 e 2003 (Tabela 5). A dominância de *P. polyphemoides* (820 ind.m^{-3} , Figura 11f) foi registada durante a primavera. O teste estatístico estabeleceu que *P. polyphemoides* foi significativamente diferente entre estações (primavera com outras estações, $p < 0{,}01$, Figura 11f), e anos (1996/1997 com outros anos, $p < 0{,}01$, Quadro 5).

Tabela 5: Variações anuais da abundância dos taxa de zooplâncton (± SE) em todas as estações no sudoeste do Mar Cáspio durante 1996 a 2010. As médias com letras diferentes (a, b, c) indicam diferenças significativas ($p < 0{,}05$); Ave: média; SE: erro padrão

	1996-1997		2001		2002		2003		2004		2005		2006		2008		2009-2010	
Taxa	Ave	SE	Ave	SE	Ave	SE	Ave	SE	Ave	SE	Ave	SE	Ave	SE	Ave	SE	Ave	SE
Balanus sp.	2611^{b}	730	98^{a}	23	363^{a}	63	720^{ab}	262	2539^{b}	906	1779^{ab}	884	965^{ab}	281	872^{ab}	157	4731^{c}	1176
Bivalvia larvae	25930^{a}	15082	138^{b}	52	212^{b}	84	25^{b}	19	1013^{b}	340	118^{b}	110	3170^{b}	941	91^{b}	41	102^{b}	68
Nereis sp. larvae	0	0	1558^{a}	303	141^{b}	37	191^{b}	58	213^{b}	88	78^{b}	28	65^{b}	31	111^{b}	52	854^{ab}	364
Tintinnopsis sp.	0	0	2966^{a}	1158	2911^{a}	1058	1316^{b}	624	3209^{a}	1502	15^{c}	15	0	0	9^{c}	5	333^{c}	222
Synchaeta sp.	4610^{ab}	2270	66^{a}	34	363^{a}	136	1.0^{a}	1	47^{a}	38	2685^{ab}	1699	6510^{b}	3100	66^{a}	252	11090^{c}	3983
P. polyphemoides	737^{c}	241	0	0	421^{b}	93	0	0	112^{ab}	82	20^{a}	13	349^{ab}	112	90^{ab}	32	89^{ab}	49

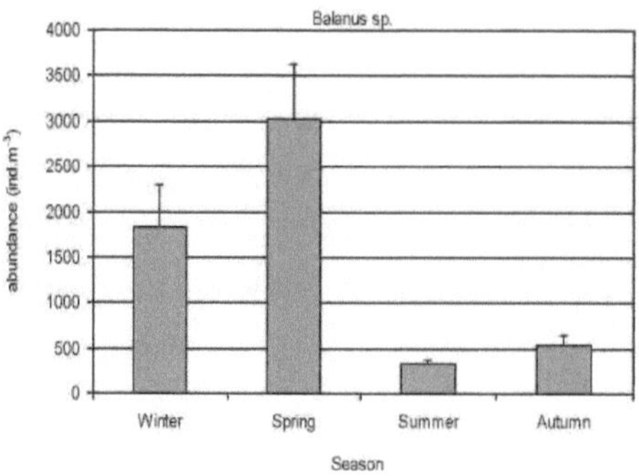

b

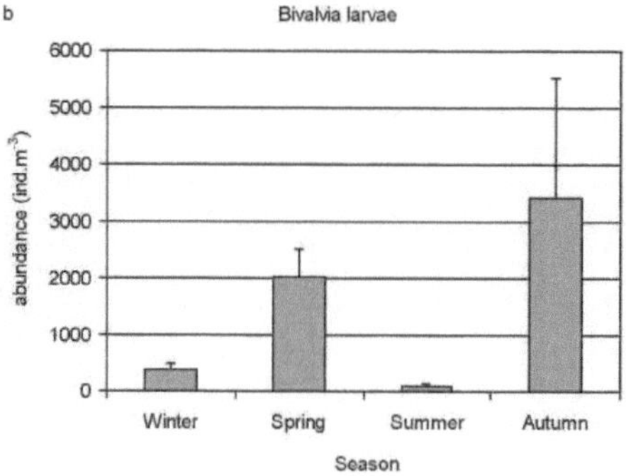

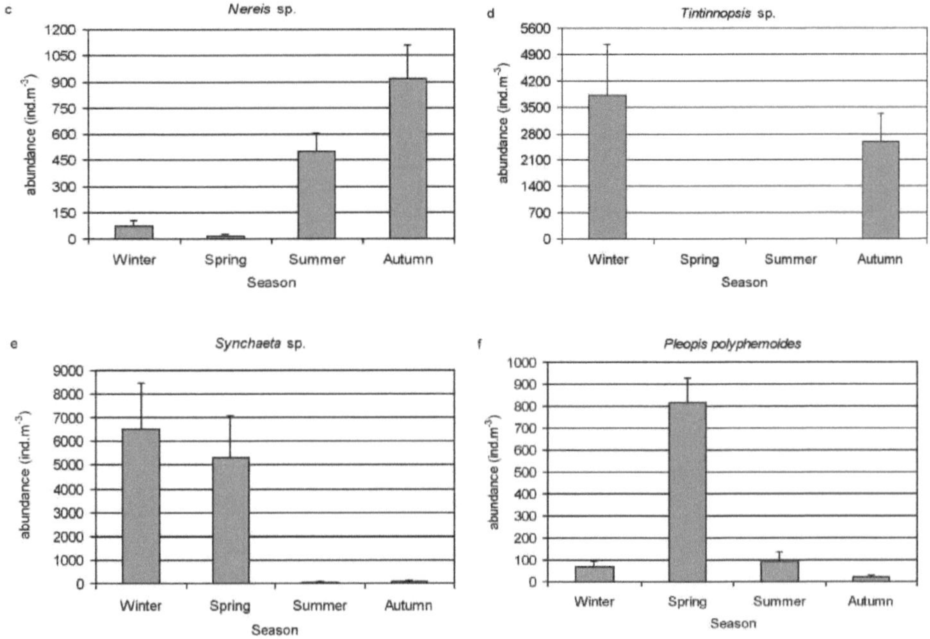

Figura 11: Variações sazonais da abundância de zooplâncton (± SE) em todas as estações no sudoeste do Mar Cáspio durante 1996 a 2010. As médias com letras diferentes (a, b) indicam diferenças significativas ($p < 0{,}05$).

Distribuição vertical do zooplâncton

A distribuição vertical do zooplâncton nas estações de águas profundas (50 m de profundidade) na gama de profundidades de 0-20 m e 20-50 m revelou que a maioria dos indivíduos de zooplâncton ocorreu na camada superior em todos os anos, exceto em 2003 e 2005 (Figura 12). Durante estes anos (2003 e 2005), quase 50 % do zooplâncton total (incluindo todas as espécies dominantes) foi encontrado abaixo dos 20 m de profundidade.

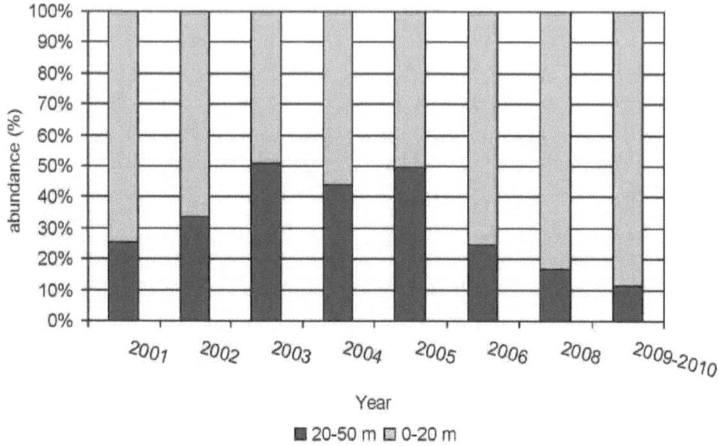

Figura 12: Distribuição vertical do zooplâncton em diferentes camadas no sudoeste do Mar Cáspio durante 2001 a 2010.

A comparação da abundância de zooplâncton na estação de águas profundas (50 m) nas profundidades de 0-20 m e 20-50 m mostrou que o zooplâncton mais dominante foi *Acartia tonsa* e *Balanus* sp. e a abundância total de zooplâncton ocorreu na camada superior durante todos os anos, exceto no inverno (Figura 13a). Durante esta estação, a abundância *de Acartia tonsa* e *Balanus* sp. foi registada abaixo dos 20 m, com mais de 60% do zooplâncton total (Figura 13b, c). A percentagem da abundância de *Synchaeta* sp. e *Pleopis polyphemoides* que ocorre abaixo dos 20 m foi muito variável durante o estudo. Foi notória a ocorrência exclusiva de *Synchaeta* sp. na camada profunda (abaixo dos 20 m) no verão e no outono, enquanto no inverno e na primavera a maior parte da abundância apareceu na camada superior da água (Figura 13d). A abundância dominante *de Pleopis polyphemoides* ocorreu na camada superior (quase 90%, Figura 13e) na primavera. Não foi encontrado no verão e no outono (Figura 13e) na estação de águas profundas (50 m).

a

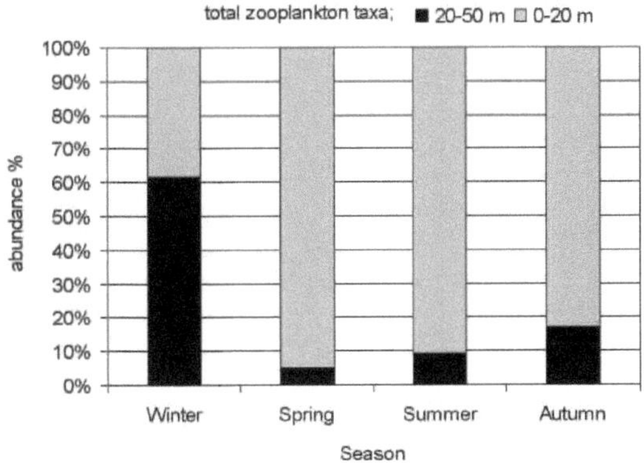

Figura 13: Distribuição sazonal em profundidade do zooplâncton nas estações de 50 m de profundidade no sudoeste do Mar Cáspio. A percentagem de indivíduos por intervalo de profundidade: 0-20 m e 20-50 m. As distribuições do zooplâncton nas camadas superior e inferior da profundidade de 50 m foram selecionadas entre fevereiro de 2008 e novembro de 2008.

Figura 13 (continuação)

b

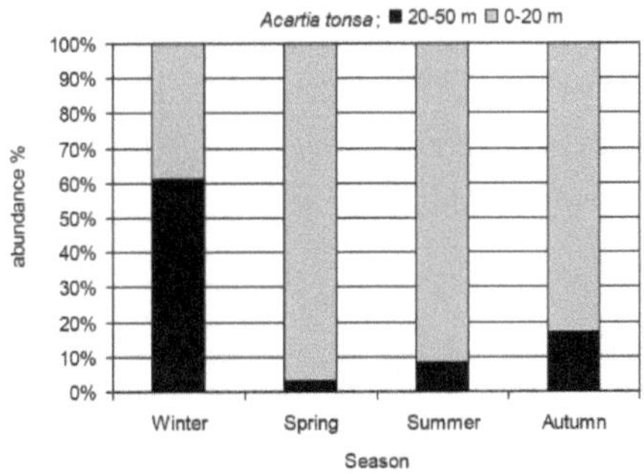

c

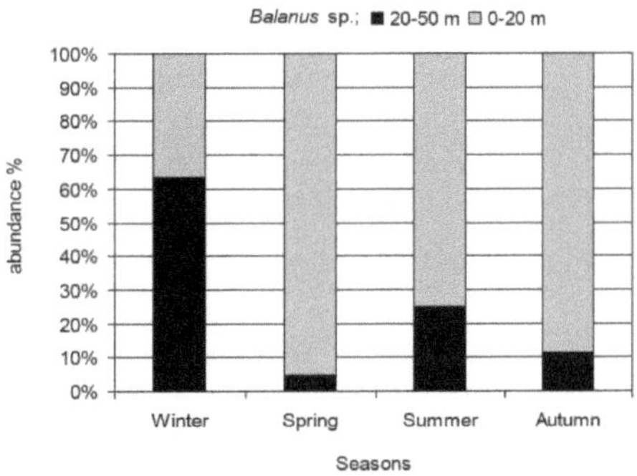

d

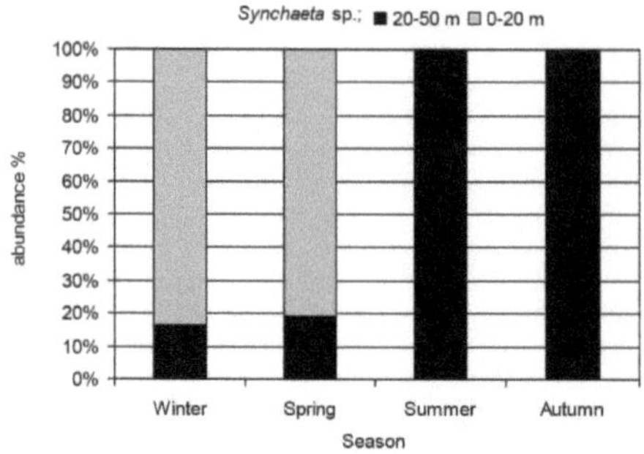

e

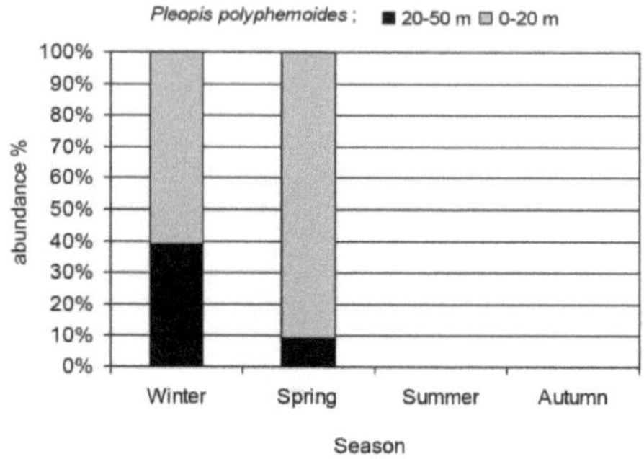

Análise de componentes principais (PCA)

A análise de componentes principais (PCA) foi efectuada nos 8 taxa de zooplâncton (*Acartia tonsa*, *Balanus* sp., Bivalvia larvae, *Mnemiopsis leidyi*, *Nereis* sp., *Pleopis polyphemoides*, *Synchaeta* sp., *Tintinnopsis* sp.) durante 1996 a 2010. O valor próprio da análise de componentes principais (PCA) do primeiro eixo (PC1) foi de 17,31 e o valor próprio do segundo eixo (PC2) foi de 3,47, estes dois componentes incluíram 85,99% da variância na abundância do zooplâncton (Tabela 6). As co-variâncias foram agrupadas com base no valor da carga dos componentes ao longo dos dois primeiros eixos (PC1 & PC2) no bioplot da análise dos componentes principais (PCA) (Figura 14). Com base no valor de carga dos componentes e nas ordenações do bioplot, *Acartia tonsa* e *Mnemiopsis leidyi* foram os taxa mais dominantes durante o estudo.

Tabela 6: Carga dos componentes, valor próprio e variações cumulativas dos primeiros segundos eixos (PC1 & PC2) da abundância dos taxa de zooplâncton (ind.m^{-3}) no sudoeste do mar Cáspio durante o período de estudo.

Taxa de zooplâncton	Acrónimos	PC1	PC2
Acartia tonsa	Acar	0.652	-0.144
Balanus sp.	Bala	0.315	-0.255
Larvas de bivalves	Biva	0.106	-0.481
Nereis sp.	Nere	0.195	0.188
Tintinnopsis sp.	Tonalidade	0.221	0.312
Synchaeta sp.	Sincronizar	0.217	-0.333
Pleopis polyphemoides	Pleo	0.162	-0.457
Mnemiopsis leidyi	Mnem	0.552	0.481
Valor próprio		17.313	3.468

Desvio acumulado	%	71.644	85.996

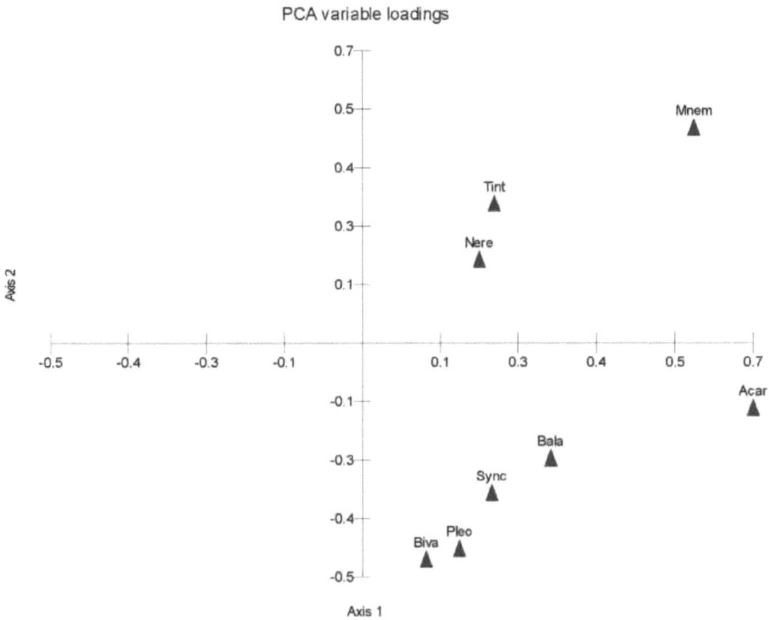

Figure 14: Primeiro, dois eixos da análise de componentes principais (PCA) para a abundância de zooplâncton (ind.m^{-3}) no sudoeste do Mar Cáspio durante o período de estudo. Código do zooplâncton: Acat = *Acartia tonsa*; Bala = *Balanus* sp.; Biva = Larvas de Bivalvia; Mnem = *Mnemiopsis leidyi*; Nere = *Nereis* sp.; Pleo = *Pleopis polyphemoides*; Sync = *Synchaeta* sp.; Tint = *Tintinnopsis* sp.

Análise de Correspondência Canónica (CCA)

A análise de correspondência canónica (CCA) foi realizada entre os 8 taxa zooplanctónicos (*Acartia tonsa*, *Balanus* sp., Bivalvia larvae, *Mnemiopsis leidyi*, *Nereis* sp., *Pleopis polyphemoides*, *Synchaeta* sp, *Tintinnopsis* sp.) e as seis variáveis ambientais azoto inorgânico dissolvido (DIN), fosfato inorgânico dissolvido (DIP), silicato inorgânico dissolvido (DSi), salinidade, temperatura e descarga durante 1996 a 2010.

O valor próprio da análise de correspondência canónica (CCA) do primeiro eixo foi calculado em 0,345, e o valor próprio do segundo eixo foi de 0,162 (Quadro 7). Sessenta por cento da variância foi contabilizada no primeiro eixo (CCA1) e 28% da variância foi contabilizada no segundo eixo (CCA2). Com base na análise de correspondência canónica CCA, verificaram-se fortes correlações no primeiro eixo (r = 0,999) e no segundo eixo (r = 0,995) entre os oito taxa de zooplâncton e as seis variáveis ambientais. O valor mais elevado dos coeficientes de correlação intra-conjunto foi revelado no primeiro eixo (CCA1) para DIN, DIP e descarga (Tabela 7).

Tabela 7: Correlações, valores próprios, percentagem de variância, coeficientes canónicos e correlações intraconjunto para os primeiros segundos eixos da análise de correspondência canónica (CCA) para a abundância de taxa de zooplâncton (ind.m^{-3}) e variáveis ambientais no sudoeste do Mar Cáspio durante 1996 a 2010. envi = ambiental. Dados hidroquímicos e físicos de Bagheri (2012).

	CCA1	CCA2
Valores próprios	0.345	0.162
Percentagem de desvio	60.149	28.247
Correlação entre espécies e ambiente	0.999	0.995
Coeficientes canónicos (eixo das espécies):		
Salinidade	1.054	2.083
Temperatura	-1.445	-2.05
Descarga	0.253	-0.697
Azoto inorgânico dissolvido (DIN)	-0.835	-1.582
Fosfato inorgânico dissolvido (DIP)	0.366	1.802
Silicato inorgânico dissolvido (DSi)	0.282	1.941
Correlações intra-redes (eixo do ambiente):		
Salinidade	-0.106	-0.697
Temperatura	-0.456	-0.667
Descarga	0.683	-0.33
Azoto inorgânico dissolvido (DIN)	-0.669	0.443
Fosfato inorgânico dissolvido (DIP)	-0.868	-0.027
Silicato inorgânico dissolvido (DSi)	0.138	0.825

A análise de correspondência canónica CCA revelou que a salinidade, a temperatura, o DIP, o DIN, o DSi e a descarga eram as variáveis ambientais mais significativas que afectavam a abundância do zooplâncton. O bioplot da abundância do zooplâncton é apresentado na Figura 5.15. As larvas *de Acartia tona*, *Nereis* sp., *Tintinnopsis* sp. e *Mnemiopsis leidyi*, localizadas no lado esquerdo, associaram-se a níveis mais elevados de DIN, DIP e temperatura e foram correlacionadas positivamente com estas variáveis ambientais. O *Balanus* sp. localizou-se perto do primeiro eixo (CCA1) no bioplot de ordenação, o que significa que o *Balanus* sp. foi afetado por todas as variáveis ambientais. As larvas de *Synchaeta* sp., *Pleopis polyphemoides* e Bivalvia estavam ligadas a DSi e descarga elevadas, localizadas no lado direito do bioplot, o que significa que estes taxa zooplanctónicos; *Synchaeta* sp., *Pleopis polyphemoides* e larvas de Bivalvia tinham relações positivas com DSi e descarga (Figura 15)

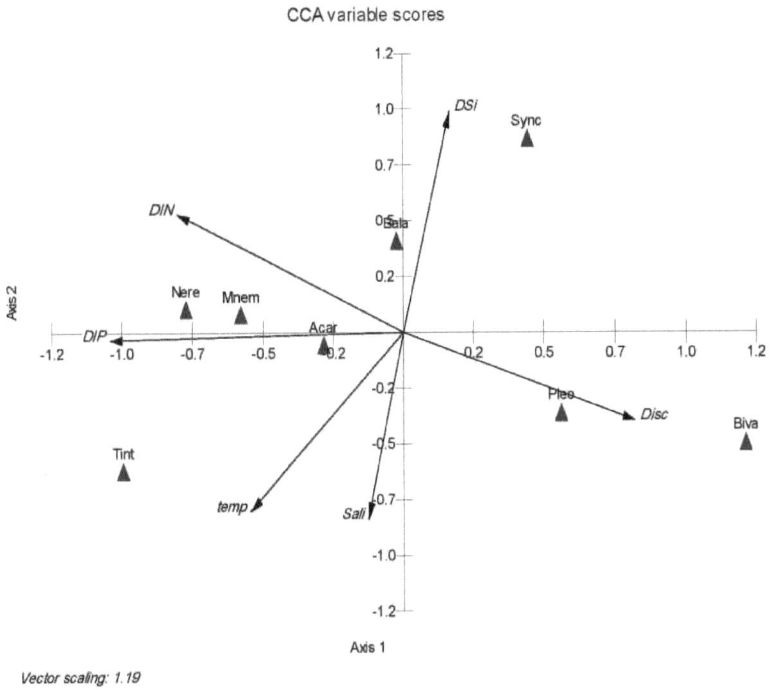

Figure 15: Dois primeiros eixos da análise de correspondência canónica (CCA) para a abundância de zooplâncton (ind.m^{-3}) e variáveis ambientais no sudoeste do Mar Cáspio durante o período de 1996 a 2010. Percentagem acumulada: o primeiro eixo (CCA1) = 60,15% e o segundo eixo (CCA2) = 88,40%. Códigos das variáveis ambientais: temp = temperatura; Sali = salinidade; Disc = descarga. Código do zooplâncton: Acat = *Acartia tonsa*; Bala = *Balanus* sp.; Biva = Larvas de Bivalvia; Mnem = *Mnemiopsis leidyi*; Nere = *Nereis* sp.; Pleo = *Pleopis polyphemoides*; Sync = *Synchaeta* sp.; Tint = *Tintinnopsis* sp. Dados de hidroquímica e física de Bagheri (2012).

Relação entre o zooplâncton e *Mnemiopsis leidyi*

Com base na correlação de Spearman, verificaram-se fortes relações positivas entre Copepoda (*Acartia tonsa* adulto, *Acartia* nauplii, e *A. tonsa* & nauplii) e *M. leidyi* durante o período de estudo (r = 0,215, r = 0,194, e r = 0,221, respetivamente; Tabela 8) ao nível $p < 0,01$. Além disso, a correlação anual de Spearman rank mostrou que Copepoda teve uma forte relação positiva com *M. leidyi* (r = 0,540 em 2001 e r = 0,730 em 2008, $p < 0,01$, Tabela 9), enquanto não houve correlação durante 2002 a 2006 e 2009/2010.

Os resultados revelaram que Cladocera (*Pleopis polyphemoides*) e Rotifera (*Synchaeta* sp.) estavam fortemente correlacionados negativamente (r = - 0,433 e r = - 0,588, respetivamente, Tabela 8) ao nível de 0,01 com *M. leidyi* durante 2001 a 2010 no sudoeste do Mar Cáspio. Para além disso, as variações da relação entre Cladocera e Rotifera com *M. leidyi* são apresentadas ano a ano no Quadro 5.9. Os náuplios *de Balanus* sp. e as larvas de Bivalvia apresentaram uma correlação negativa com *M. leidyi* (Spearman rank, r = - 0,194 & r = - 0,309, respetivamente; Tabela 8) ao nível de $p < 0,01$, enquanto as larvas de *Nereis* sp. revelaram uma correlação positiva importante (Spearman rank, 2-tailed, r = 0,451, $p < 0,01$, Tabela 8) com *M. leidyi* durante 2001 a 2010.

Relativamente à relação entre *Balanus* sp. cypris; *Tintinnopsis* sp., e zooplâncton com *M. leidyi*, não houve correlação entre eles durante o período de 2001 a 2010 (Tabela 8). Não houve relação positiva entre Cirripedia (*Balanus* sp. nauplii e cypris, Tabela 8) e *M. leidyi* ano a ano, enquanto a classificação de Spearman mostrou que correlações fortemente negativas durante 2004 e 2006 a 2010 (Tabela 9).

Table 8: Correlações de Spearman entre *M. leidyi* e a abundância de taxa de zooplâncton no sudoeste do Mar Cáspio durante o período de 2001 a 2010 (*: relações significativas ao nível de $p = 0,05$; **: significativas ao nível de $p = 0,01$; ns: relações não significativas).

Taxa de zooplâncton	*Mnemiopsis leidyi*
Acartia tonsa	0.215**
Acartia nauplii	0.194**
Acartia e náuplios	0.221**
Balanus sp. cypris	ns
Balanus sp. nauplii	-0.194**
Larvas de bivalves	-0.309**
Larvas *de Nereis* sp.	0.451**
Tintinnopsis sp.	ns
Synchaeta sp.	-0.588**
P. polyphemoides	-0.433**
Total	ns

Table 9: Correlações de Spearman entre a abundância de *M. leidyi* e a abundância do zooplâncton dominante em diferentes anos no sudoeste do Mar Cáspio durante (*: relações significativas ao nível de $p = 0,05$; **: significativas ao nível de $p = 0,01$; ns: relações não significativas).

	Abundância de zooplâncton			
M. leidyi	Copepoda	Cladocera	Cirripedia	Rotifera

Ano	*Acartia tonsa* náuplios	e *Pleopis polyphemoides*	*Balanus* sp. náuplios e ciprestes	*Synchaeta* sp.
2001	0.540**	ns	ns	ns
2002	ns	-0.620**	ns	-0.720**
2003	ns	ns	ns	ns
2004	ns	-0.462**	-0.465**	ns
2005	ns	ns	ns	-0.649*
2006	ns	-0.857**	-0.780**	-0.853**
2008	0.730**	ns	-0.460**	-0.830**
2009-2010	ns	-0.724**	-0.535**	-0.772**

Discussão

Flutuação da população de *Mnemiopsis leidyi*

Apesar do alto influxo de água doce, os anos 2003, 2004, 2008 e 2009/2010 (GWRO, 2010; Bagheri *et al.*, 2011a, 2014a) não foram especiais em termos de abundância, composição de tamanho, distribuição vertical e sazonal de *M. leidyi* (Figura 3a, b). Parece que a temperatura da água foi o principal fator ambiental (Spearman rank, 2tailed, r = 0,630, p <0,01, Bagheri *et al.*, 2013a, b) influenciando as variações das populações de *M. leidyi*. Resultados semelhantes foram registados noutras zonas do Mar Cáspio (Shiganova *et al.*, 2001b; Kideys & Moghim, 2003), no Mar Negro (Mutlu, 2009) e na Baía de Chesapeake (Purcell & Decker, 2005).

Entre 2001 e 2010, a abundância média e a biomassa de *M. leidyi* foram de cerca de 180-400 indm^{-3} (Figura 3a) e cerca de 8-44 gm^{-3} peso húmido (Figura 3b), respetivamente, no sudoeste do Mar Cáspio. Estes resultados estão na mesma gama que os estimados por Roohi *et al.* (2008) para o sul do mar Cáspio entre 2001 e 2006. A longo prazo, a abundância de *M. leidyi* não registou uma flutuação significativa entre 2001 e 2010 (figura 3a). A diferença notável foi a quase duplicação da biomassa (mais de 43 g de peso húmido m^{-3}) em 2005 e 2006 (figura 3b), também referida por Roohi *et al.* (2008) para o sul do mar Cáspio e por Mutlu (2009) para o mar Negro, o que pode ser visto como uma indicação das anomalias climáticas descritas por Rodionov (1994), Polonsky *et al.* (2004) e Niermann (2004).

A população de *M. leidyi* revelou fortes flutuações sazonais com baixa abundância no final do inverno até ao início da primavera e valores máximos no verão até ao final do outono (Esser *et al.*, 2004; Roohi *et al.*, 2008; Costello *et al.*, 2006; Javidpour *et al.*, 2009a, b). Os picos sazonais de abundância e biomassa de *M. leidyi* foram muito variáveis no sudoeste do Mar Cáspio, de ano para ano, no presente estudo (Tabelas 2, 3). Esta elevada variabilidade na abundância sazonal foi evidente quando se comparou a abundância sazonal de *M. leidyi* entre 2001 e 2010 (Quadro 2). No entanto, a análise multivariada (CCA) mostrou que a população de *M. leidyi* estava associada a altas temperaturas e níveis de nutrientes no lado esquerdo do biopot (correlações positivas, Figura 15). Assim, a temperatura e os nutrientes foram os factores que contribuíram para as variações de *M. leidyi* no sudoeste do mar Cáspio. Estas correlações positivas foram também registadas por Galil *et al.* (2009) e Fuentes (2009) no mar Mediterrâneo, Boero (2009) e Oliveria (2007) no mar do Norte, Javidpour *et al.* (2009a) e Hintikainan (2009) no mar Báltico e Mutlu (2009) no mar Negro e no mar de Mármara.

Tal como nos seus habitats originais e noutros mares invasores, como o Mar Negro, o Mar Egeu, o Mar Báltico e o Mar do Norte (Vinogradov *et al.*, 1989; Bogdanova & Konsoulov, 1993; Mutlu, 1999; Kideys & Romanova, 2001; Purcell *et al.*, 2005), *o M. leidyi* ocorre principalmente na camada de água acima da termoclina sazonal no Mar Cáspio ocidental. No entanto, a distribuição vertical foi variável em diferentes estações e anos (Figuras 4, 5), especialmente nos períodos em que a floração de *M. leidyi* ocorreu no verão e no outono, quando se registou um elevado número de indivíduos acima da termoclina. No Mar Cáspio, a temperatura da superfície e a temperatura das águas profundas durante o verão até ao outono são de cerca de 20 e 10°C, respetivamente (Bagheri *et al.*, 2011b, 2012a).

Tamanho de *Mnemiopsis leidyi*

A distribuição do tamanho dos indivíduos de toda a população de *M. leidyi* durante 2001 a 2010 (Tabela 4, Figura 6) revelou uma concordância notável em comparação com os estudos anteriores (Bagheri & Kideys, 2003; Kideys & Moghim, 2003; Shiganova *et al.*, 2004; Roohi *et al.*, 2008; Bagheri *et al.*, 2013b). A predominância de pequenos indivíduos de < 10 mm (2 a 7 mm, Finenko *et al.*, 2006) durante todas as estações parece ser uma caraterística da composição do tamanho das populações de *M. leidyi*, nomeadamente na parte meridional do mar Cáspio (Shiganova *et al.*, 2004). O tamanho reduzido dos indivíduos de *M. leidyi* nas populações do mar Cáspio, em comparação com outros mares (comprimento total: média: 40-60 mm, comprimento máximo > 150 mm, Purcell *et al.*, 2001) é notável. Segundo Reusch *et al.* (2010), a população de *M. leidyi* do mar Cáspio é uma versão geneticamente depauperada da população do mar Negro. Em todas as investigações acima referidas, o comprimento total dos indivíduos abaixo de 20 mm representou 96-99% da população. Os indivíduos com mais de 4 cm eram muito raros, constituindo apenas 0,010,07%. Os indivíduos com comprimento total > 50 mm também só foram encontrados ocasionalmente.

O maior indivíduo (capturado no outono de 2006) tinha o mesmo tamanho (65 mm) que o encontrado no outono de 2003 por Finenko *et al.* (2006). De um modo geral, a distribuição sazonal é a seguinte: indivíduos > 20 mm ocorreram apenas durante a primavera e o outono em proporções mais elevadas. No verão, cerca de 95% de todos os indivíduos tinham menos de 1 cm, enquanto no inverno se encontravam alguns indivíduos com mais de 1 cm (Figura 6, Shiganova *et al.*, 2004). A elevada quantidade de indivíduos pequenos no verão pode dever-se ao aumento da desova durante este período.

Flutuação da população de zooplâncton

Foi encontrado um total de 61 taxa de zooplâncton nas zonas investigadas (Quadro 1). Treze deles eram taxa de meroplâncton e quarenta e oito taxa de holoplâncton. A ocorrência de 14 espécies de água doce indica a influência da zona húmida de Anzali e dos influxos do rio.

Em comparação com os estudos anteriores efectuados por Hossieni *et al.* (1998) e Roohi *et al.* (2008) no sul do mar Cáspio, as grandes alterações na comunidade zooplanctónica tornaram-se óbvias após 2000. Hossieni *et al.* (1998) recolheram amostras em 18 transectos em todo o sul do mar Cáspio em 1996. Roohi *et al.* (2008) analisaram (2001 a 2006) a mesma área que nós analisámos neste estudo, enquanto Hossieni *et al.* (1998) recolheram amostras de transectos adicionais na área. Nos anos 2001 e 2002, a área que Roohi investigou era mais pequena do que a área do presente estudo.

Durante o presente estudo, foram documentados 26 taxa. Roohi (2009) e Hossieni *et al.* (1998) não registaram nenhum destes taxa. Hossieni *et al.* (1998) não registaram as seguintes espécies, que foram amostradas em anos subsequentes: Larvas de Ostracoda, larvas de Arachnida, Harpacticoida (*Ectinosoma concinnum*), larvas de Nematoda, larvas de *Nereis*.

Roohi *et al.* (2008) enumeraram Chironomidae, Nematidae e Mysidacaea (n = 2 em 2006), que não foram observados no presente estudo.

Hossieni *et al.* (1998) enumeraram 24 espécies de Cladocera no sul do Mar Cáspio (citado por Roohi, 2009). Três destes taxa foram repetidos duas vezes com nomes diferentes: como *Apagis cylindrata (Cercopagis cylindrata), Apagis longicaudata* (*Cercopagis longicaudata*) e *Apagis ossiani* (*Cercopagis ossiani*). Além disso, catorze táxons citados não foram reconhecidos como táxons validamente publicados pelo CSBP, ITIS, MarBEF e WoRNS. Por conseguinte, é difícil afirmar em pormenor como é que o número de espécies se alterou. Além disso, não foi possível fazer declarações sobre espécies que foram recolhidas em pequeno número ou que foram marcadas por flutuações anuais elevadas e irregulares: Larvas de Arachnida, *Halicyclops sarsi* (Cyclopoida), Harpacticoida, Nematidae e larvas de Oligochaeta (no presente estudo "larvas de Nematoda"). No entanto, numa visão global, a situação poderia ser descrita da seguinte forma:

Hossieni *et al.* (1998) enumeraram 24 espécies de Cladocera no sul do mar Cáspio, enquanto o presente estudo enumerou nove espécies de Cladocera em 1996/1997 e apenas duas delas (*Pleopis polyphemoides*, *Podonevadne* sp.) foram encontradas depois de 2001. Cinco espécies de Copepoda estavam presentes em 1996 (Hossieni *et al.*, 1998) e no presente estudo, mas não foram ou quase não foram encontradas entre 2001 e 2010 (quadro 1): *Calanipeda aquaedulcis*, *Limnocalanus grimaldii, Eurytemora minor, Eurytemora grimmi*. O decréscimo acentuado de *Eurytemora grimmi* foi notório. Em 1996/1997, a abundância era de quase 2.200 ind.m^{-3} , mas, com exceção de alguns indivíduos em 2006, não foi encontrado desde 2001. As larvas de Ostracoda foram registadas por Roohi *et al.* (2008) durante 2001 a 2004 e por este estudo em 2002, mas não ocorreram antes de 2001 e durante 2003 a 2010 (quadro 1).

A abundância média anual de zooplâncton variou. Hossieni *et al.* (1998) registaram 16.000 ind.m- 3 em 1996 e Roohi *et al.* (2008) 3.400-8.900 ind.m^{-3} durante 2001 a 2006. Estes valores estavam num intervalo diferente do encontrado durante o presente estudo no sudoeste do Mar Cáspio de 1996 a 2010. Nesta área, a abundância de zooplâncton variou entre 55.000 e 7.000 ind.m^{-3} respetivamente, durante 1996/1997 e 2008 (Figura 7). A abundância de zooplâncton (55.000 e 36.000 ind.m^{-3} em 1996/1997 e 2009/2010, respetivamente; Figura 7) foi surpreendente, tal como referido por Hossieni *et al.* (1998) e Bagheri *et al.* (2014a). A razão foi o facto de as larvas de Bivalvia em 1996/1997 (Tabela 5), *Acartia tonsa* (Figura 9) e *Synchaeta* sp. (Tabela 5) em 2009/2010 terem ocorrido em grande abundância. Também foi observado um declínio acentuado para as larvas de Bivalvia, diminuindo uma ordem de grandeza após 1996/1997 (Roohi *et al.,* 2008, Tabela 5). No entanto, a descarga e o nível de DSi foram as principais variáveis ambientais na correlação das larvas de Bivalvia e da abundância *de Synchaeta* sp. como relatado por Bagheri *et al.* (2014a). A análise de correspondência canónica (CCA) mostrou correlações positivas entre a abundância de larvas de Bivalvia e *Synchaeta* sp. e o nível de DSi e a descarga durante o estudo (Figura 15).

A diminuição da abundância do zooplâncton (Figura 7) durante 2008 esteve relacionada com as baixas temperaturas da água e o inverno rigoroso de 2008 (< 6,5º C; CNN, 2008; Bagheri *et al.*, 2010b; Bagheri *et al.*, 2012a) que atrasou a floração do zooplâncton no sudoeste do Mar Cáspio (Figura 7). No entanto, a CCA revelou que a abundância do zooplâncton foi fortemente afetada por todas as variáveis ambientais (r = 0,99), especialmente a temperatura e os nutrientes durante 1996 a 2010 (Figura 15, Tabela 6). Estes resultados foram relatados por Sommer & Lengfellner (2008), Richardson (2008) e Mutlu (2009) para o Mar do Norte, o Atlântico Nordeste e o Mar Negro, respetivamente.

Apenas quatro taxa dominantes, *Balanus* sp. (larvas de Cirripedia), *Pleopis polyphemoides* (Cladocera), *Synchaeta* sp. (Rotifera) e *Acartia tonsa* (Copepoda), que eram numerosos em 1996/1997, se mantiveram mais ou menos na mesma gama entre 2001 e 2010. Com base na análise de componentes principais (PCA) para estas espécies dominantes (figura 14, quadro 6), as flutuações anuais foram comparadas.

A abundância média anual total de *Balanus* sp. (larvas de Cirripedia) foi mais elevada em 1996/1997, 2004 e 2009/2010 em comparação com outros anos (Tabela 5). A elevada abundância em 1996/1997, 2004 e 2009/2010 deveu-se ao elevado número de indivíduos no inverno e na primavera (Figura 11a). A CCA mostrou que a abundância *de Balanus* sp. foi afetada por todas as variáveis ambientais (Figura 15), principalmente a temperatura e os nutrientes, que foram os principais contribuintes para a alteração sazonal da abundância *de Balanus* sp. durante o período de estudo, tal como referido por Bagirov (1989), Hossieni *et al.* (1998) e Aladin *et al.* (2009). A floração de *Synchaeta* ocorreu durante o inverno e a primavera (Figura 11e), tal como referido por Kasimov (2000), Aladin *et al.* (2009) e Bagheri *et al.* (2010b, 2012a, 2014a). Em 1996/1997, 2006 e 2009/2010, esteve presente em grande abundância (abundância média anual) em comparação com outros anos (Quadro 5). O aumento da descarga do rio durante as fortes chuvas no inverno-primavera (GWRO, 2010; Bagheri *et al.*, 2011b, 2012a, 2014a), foi o principal fator que contribuiu para o declínio da temperatura e salinidade da água (Resende *et al.*, 2007; Choudhury & Pal, 2010) que coincidiu com a floração de *Synchaeta* sp. Além disso, a CCA mostrou uma relação positiva entre a abundância de *Synchaeta* sp. e a descarga e o silicato dissolvido (DSi) durante o estudo (Figura 15). *A espécie Pleopis polyphemoides*, introduzida no mar Cáspio pela navegação na década de 1970, espalhou-se por todo o mar Cáspio (Shiganova *et al.,* 2005). *A espécie Pleopis polyphemoides* foi encontrada em abundância quase constante entre 1996 e 2010 (quadro 5). Em 1996/1997, esteve presente em abundância elevada (abundância média anual) em comparação com os outros anos. A razão foi que esta espécie ocorreu em baixa abundância no verão, no outono e no inverno; e esteve totalmente ausente em 2001 e 2003. A análise de correspondência canónica (CCA) revelou que a abundância *de P. polyphemoides* foi afetada (relação positiva) pelos níveis de silicato dissolvido (DSi) e pela descarga (Figura 15). No entanto, o aumento da descarga (Bagheri *et al.*, 2011a, 2014a, b) contribuiu para o aumento da abundância na primavera e em 1996/1997 (Figura 11f, Tabela 5). Além disso, Richardson (2008) e Aladin *et al.* (2009) consideraram que, no início da primavera, o aumento da temperatura da água permitiu que os Cladocera se desenvolvessem e atingissem a abundância máxima no mar Báltico, a norte do mar Cáspio.

A Acartia tonsa invadiu o Mar Cáspio no início da década de 1980 e espalhou-se por todo o mar durante a década de 1980 (Kurashova, 2009), tornando-se rapidamente a espécie de zooplâncton dominante (Grigorovich *et al.*, 2003; Shiganova *et al.*, 2005; Plotnikov *et al.*, 2006). Durante 1986 a 1990 e 1991 a 1995, ocorreu com uma abundância de 4.971 e 4.722 ind.m^{-3} (Tinenkova *et al.*, 2000). De acordo com Kurashova (2009), a invasão de *A. tonsa* teve um efeito positivo na melhoria da alimentação dos peixes. Por exemplo, *A. tonsa* é o principal alimento da anchova (Shiganova *et al.*, 2005). Por outro lado, ocupou o nicho ecológico de *Eurytemora grimmi* e *Limnocalanus grimaldii,* o que levou a um declínio das suas populações. Além disso, estes resultados mostraram que não houve diferença significativa entre os copépodes de 1996 a 2010 ($p > 0{,}05$), e a análise de componentes principais (PCA) revelou que apenas *A. tonsa* permaneceu comum e abundante (Figura 14, Tabela 6) no sudoeste do Mar Cáspio. A situação atual no sul do mar Cáspio é que as espécies nativas estão quase completamente ausentes.

A abundância média anual de *A. tonsa* apresentada por Kurashova (2009) e Hossieni *et al.* (1998) e deste estudo para o período de 1986 a 2010 mostrou um aumento do estoque de *A. tonsa* (quase 20.000 ind.m^{-3} em 2009/2010, Figura 9) no sul do Mar Cáspio, exceto em 2005, 2006 e 2008, quando os estoques eram quase os mesmos que para 1986-1995 (quase 5.000 ind.m^{-3} , Figura 9). O decréscimo de *A. tonsa* em 2005, 2006 e 2008 esteve relacionado com os baixos níveis de nutrientes e a baixa temperatura (CNN, 2008; GWRO, 2010; Bagheri *et al.*, 2010b), que atrasaram o florescimento de zooplâncton como *A. tonsa* (Figura 9). Uma imagem mais diferente pode ser vista comparando o número individual de *A. tonsa* de diferentes estações dos anos em 1996 (Hossieni *et al.*, 1998), 2001 (Shiganova *et al.*, 2004) e o presente estudo. O padrão sazonal da abundância *de Acartia tonsa* mostrou que a abundância mais baixa (8.500 ind.m^{-3}) foi no inverno, tendo aumentado até ao verão e um novo aumento no outono (16.000 ind.m^{-3}) durante 1996 a 2010 (Figura 10). A análise multivariada (CCA) mostrou que *a Acartia tona* foi fortemente afetada pela temperatura da água e por níveis elevados de nutrientes (DIN & DIP), sendo ocupada no lado esquerdo do bioplot (Figura 15), tal como *Nereis* sp. e *Tintinnopsis* sp. neste estudo, que ocorreram ambos após 2000 (Tabela 5, Figura 11c, d).

A comparação da abundância de zooplâncton nas estações de águas profundas (50 m) revelou que a maior parte do zooplâncton ocorreu na camada superior ao longo dos anos (Figura 12). A distribuição vertical de *Synchaeta* sp. e *Pleopis polyphemoides* esteve relacionada com a temperatura da água fria. No inverno e na primavera, estas espécies ocorreram na coluna de água superior (Figura 13d, e) com baixa temperatura da água (inferior a 14°C, Bagheri *et al.*, 2011b, 2014b). No verão e no outono, com um aumento da temperatura da água à superfície superior a 25°C, o *Synchaete* sp. foi encontrado exclusivamente na camada de água profunda (Figura 5.13d) com uma temperatura da água igual à medida no inverno e na primavera, tal como referido por Bagheri (2012).

O índice de diversidade de Shannon-Wiener do zooplâncton variou entre 1,87 e 1,05 durante o estudo (Figura 2). Moncheva *et al.* (2001) observaram que a diversidade do plâncton é geralmente baixa em quase todas as zonas oligotróficas. Sugeriram que valores elevados de mais de 2 são encontrados em áreas mesotróficas e eutróficas. De acordo com esta classificação, o sudoeste do mar Cáspio estava moderadamente poluído. As variações do índice de diversidade e da regularidade durante o estudo podem estar relacionadas com o período de amostragem e com a descarga de água doce no Mar Cáspio, tal como referido por Bagheri *et al.* (2011a, 2014a, b). Registaram uma elevada descarga do rio e precipitação sazonal durante 1996/1997, o que coincidiu com um elevado índice de diversidade e riqueza de espécies (Figuras 1, 2). Kasimov (2000), Makaremi *et al.* (2006), Sabkara *et al.* (2007), Resends *et al.* (2007) e Okogwu (2010) registaram resultados semelhantes. A diminuição do índice de diversidade na estrutura do zooplâncton em 2001 e 2003 (Figura 2) esteve relacionada com a temperatura elevada da água e a forte estratificação com a diminuição do nível de nutrientes na água de superfície (Marques *et al.*, 2007; Bagheri *et al.*, 2010a; Sommer & Lewandowska, 2011), que reduziu o índice de diversidade em 2001 e 2003, tal como referido por Richardson (2008) e Choudhury & Pal (2010) no Mar Báltico e na costa oriental da Índia, respetivamente.

Impacto da *Mnemiopsis leidyi* no zooplâncton

As alterações drásticas da comunidade zooplanctónica no mar Cáspio após o ano 2000 foram principalmente atribuídas a um impacto grave da espécie invasora *M. leidyi* (Shiganova *et al.*, 2004; Kideys *et al.*, 2005b). É sabido que *a M. leidyi* é capaz de controlar a abundância do zooplâncton (Burrell & Van-Engel, 1976; Kremer, 1994; Mutlu, 1999; Finenko & Romanova,

2000; Shiganova *et al.*, 2001a; Kideys, 2002; Kideys & Moghim, 2003; Costello *et al.*, 2006).

Neste estudo, o impacto de *M. leidyi* na flutuação anual e sazonal dos quatro taxa dominantes, *Balanus* sp., *Pleopis polyphemoides, Synchaeta* sp. e *Acartia tonsa* foi estimado para o período de 1996 a 2010. *Balanus* sp., *Synchaeta* sp., e *P. polyphemoides* foram negativamente correlacionados com a abundância de *M. leidyi* ($p < 0{,}01$, Spearman rank correlation, 2-tailed, Tabelas 8, 9). No entanto, não foi possível determinar até que ponto a flutuação de *Balanus* sp., *Synchaeta* sp. e *P. polyphemoides* se deveu ao ciclo de reprodução ou ao impacto grave da predação por *M. leidyi*. A comparação a longo prazo revelou que a abundância de *Balanus* sp. e *Synchaeta* sp. aumentou após o aparecimento de *M. leidyi* em comparação com 1996/1997, cinco anos antes de *M. leidyi* florescer no mar Cáspio (quadro 5).

Relativamente a *Pleopis polyphemoides*, a comparação a longo prazo não revelou um decréscimo acentuado antes de 2000, em comparação com após a invasão de *M. leidyi*. Kasimov (1982) e Aladin *et al.* (2009) documentaram que a floração de *P. polyphemoides* ocorreu no inverno e na primavera, tal como registado neste estudo. Assim, a diminuição da abundância de *P. polyphemoides* não pode estar relacionada com o aumento de *M. leidyi* no verão e no outono (Figura 11f).

O presente estudo mostrou que *Acartia tonsa* e *Mnemiopsis leidyi* tiveram a mesma flutuação sazonal em 2001 e 2008 ($r = 0{,}540$, $p < 0{,}01$ e $r = 0{,}730$, $p < 0{,}01$, Tabela 9), enquanto não houve correlação significativa entre eles nos outros anos (Tabela 9). Este estudo também não revelou diminuição de *Acartia tonsa* durante o período de floração de *M. leidyi* de 2001 até 2010 (Figura 9). Nenhum impacto de *M. leidyi* no estoque de *A. tonsa* pôde ser verificado comparando-se a média anual da abundância de *A. tonsa* em 1996/1997, antes da invasão de *M. leidyi,* e durante 2001 a 2010, após a invasão (Figura 9). Além disso, a CCA revelou que a abundância *de M. leidyi* e *A. tonsa* foi afetada por nutrientes de alto nível e temperatura elevada (Figura 15), tal como também referido por Purcell *et al.* (2007), Richardson (2008) e Occhipinti-Ambrogi & Ambrogi (2009). Estes autores consideram que a biodiversidade nos ecossistemas marinhos está em declínio e que a estrutura da comunidade está a mudar para espécies exóticas, como o pequeno copépode *Acartia* sp. e o zooplâncton gelatinoso (medusa em pente), devido ao aumento da temperatura (aquecimento global) e a outras actividades antropogénicas.

Verificou-se que muitas espécies de Copepoda e Cladocera, que eram abundantes antes de

2000 no mar Cáspio, não foram encontradas após a invasão de *M. leidyi* (Kideys & Moghim, 2003; Shiganova *et al.*, 2004; Kideys *et al.*, 2005b; Finenko *et al.*, 2006; Roohi *et al.*, 2008). No entanto, não foi observado um declínio drástico semelhante no número de espécies noutros mares, como o mar Báltico, o mar do Norte, o mar de Bering e o mar Mediterrâneo (Bilio & Niermann, 2004; Richardson, 2008). Haslob *et al.* (2011) e Malzahn *et al.* (2011) consideraram que *M. leidyi* não afectou o mesozooplâncton e as comunidades de ovos de peixe nos mares do Norte e Báltico. Além disso, Behrends & Schneider (1995), Niermann (2004) e Bagheri *et al.* (2005, 2014a) observaram que o desaparecimento de espécies endémicas (espécies de Copepoda e Cladocera) não se devia à alimentação selectiva de *M. leidyi* em espécies endémicas, tais como *Eurytemora grimmi, Limnocalanus grimaldii, Cercopagis pengoi, Polyphemus exiguous* porque *M. leidyi* é um alimentador não seletivo (Malzahn *et al.*, 2011; Bagheri *et al.*, 2008). É possível que a fauna endémica do Mar Cáspio seja muito sensível às perturbações causadas por espécies invasoras como *Acartia tonsa, Pleopis polyphemoides* (Dumont, 2000; Ivanov *et al.*, 2000; Shiganova *et al.*, 2005; Bagheri *et al.*, 2013a), ou à grave degradação ambiental, que começou no início da década de 1990 (Dumont, 2000).

No entanto, um aumento no número individual de *A. tonsa* e outras espécies de mesozooplâncton como *Balanus* sp., *Nereis* sp., *Synchaeta* sp. (Tabela 5) foram observados neste estudo, em contraste com alguns estudos anteriores (Roohi *et al.*, 2008; Roohi *et al.*, 2010). O presente estudo mostrou que a abundância *de M. leidyi* não afectou a abundância de espécies do meszooplâncton. Além disso, os resultados revelaram que *M. leidyi* de tamanho < 5 mm contribuiu para mais de 90% (Tabela 4) da população total no sudoeste do Mar Cáspio, e consumiu apenas nanoplâncton e microplâncton, como Protozoa, Ciliata, pequenas diatomáceas e dinoflagelos, conforme relatado por Bagheri & Sabkara (2003), Bagheri *et al.* (2004), Sullivan & Gifford (2004), Finanko *et al.* (2006), Bagheri *et al.* (2008), e Sullivan (2010).

A influência das condições meteorológicas e hidrológicas, bem como das anomalias climáticas no ecossistema, não deve ser ignorada. Rodionov (1994), Niermann *et al.* (1999), Bilio & Niermann (2004) e Polonsky *et al.* (2004) teorizaram que as alterações hidrobiológicas registadas no mar Cáspio, no mar Negro e no mar Báltico durante as décadas de 1990 e 2000 podem, sem dúvida, estar relacionadas com essas alterações. Observações recentes noutros mares indicaram que a alteração das comunidades zooplanctónicas pode estar relacionada com inconsistências climáticas (Niermann, 2004; Edwards & Richardson, 2004; Steele, 2004; Hays *et al.*, 2005; Sullivan *et al.*, 2007; Marques *et al.*, 2007; Suttle *et al.*, 2007; Sommer & Lengfellner, 2008; Wasmund *et al.*, 2008; Sipkay *et al.*, 2009; Sommer & Lewandowska, 2011). Purcell *et al.* (2007) e Richardson (2008) observaram que as espécies oportunistas, como as medusas, os pequenos copepoda e os flagelados, estão a aumentar no Mar do Norte, no Mar Báltico, no Atlântico Nordeste, no Golfo do México, no Mar de Azov, no Mar Cáspio, no Mar da China Oriental, no Mar Amarelo, no Mar Negro e no Mar do Japão. Afirmaram que, para além do aquecimento global, outros efeitos antropogénicos, como a sobrepesca, a eutrofização e a poluição, são responsáveis pela alteração das comunidades de plâncton.

Referências

Aladin, N., Plotnikov, I., Bolshov, A. e Pichugin, A. (2009), Caspian Sea biodiversity project under umbrella of Caspian Sea environment programme [em linha]. [Acedido em 2 de março de 2011]. Disponível na World Wide Web: http://www.zin.ru/projects/caspdiv/biodiversity_report.html.

Bagheri, S. and Kideys, A.E. (2003), Distribution and abundance of *Mnemiopsis leidyi* in the western Iranian coasts of the Caspian Sea. In: Yilmaz, A.(ed.). Actas da segunda conferência internacional sobre oceanografia do Mediterrâneo Oriental e do Mar Negro: Similaridades e diferenças de duas bacias interconectadas. 14-18 de outubro, Universidade de Ankara, Turquia: TUBITAK. pp. 851-856.

Bagheri, S., Kideys, A.E. e Mirzajani, A.R. (2005), The effect of *Mnemiopsis leidyi* invasion on zooplankton in the Iranian coasts of Caspian Sea. In: Broporov, M. (ed.). Alien species in Holarctic (Borok-2). Segundo simpósio internacional, 27 Set. -1 Out., Borok, Rússia: Editora Borok. 594 P.

Bagheri, S., Mashhor, M., Makaremi, M., Mirzajani, A.R, Babaei, H., Negarestan, H. e Wan Maznah, W.O. (2010a), Distribuição e composição do fitoplâncton no sudoeste do Mar Cáspio durante 2001-2002, uma comparação com inquéritos anteriores. World J. Fish & Marine Sci. 2, 416-426.

Bagheri, S., Mansor, M., Wan Maznah, W.O. e Negarestan, H. (2010b), Distribuição de *Mnemiopsis leidyi* e zooplâncton no sudoeste do Mar Cáspio, 2008. In: Chung J.S. (ed.). Actas da vigésima Conferência Internacional de Engenharia Polar e Offshore, Sociedade Internacional de Engenheiros Polares e Offshore. 20-25 de junho, Pequim, China: ISOPE. pp. 1014-1018.

Bagheri, S., Mirzajani, A.R., Makaremi, M. e Khanipour, A.A. (2008), Investigação da alimentação de *Mnemiopsis leidyi* no zooplâncton do Mar Cáspio. Irão. J. Fish. Sci. 17, 35-46.

Bagheri, S. and Sabkara, J. (2003), Study of stomach contents of ctenophore *Mnemiopsis leidyi* in Iranian waters of Caspian Sea (Guilan waters). Irão. J. Fish. Sci. 12, 1-11.

Bagheri, S., Sabkara, J. e Niermann, U. (2011a), Estado de *Mnemiopsis leidyi* e mesozooplâncton no sudoeste do Mar Cáspio (1996 a 2010). In: Jaspers, C. (ed.). *Mnemiopsis leidyi* in european waters where are they and what do we know? 10 de outubro, Universidade Técnica da Dinamarca, Copenhaga, Dinamarca: DTU Aqua. 15 P.

Bagheri, S., Mansor M., Makaremi M., Sabkara J., Wan Maznah W.O., Mirzajani A., Khodaparast S.H., Negarestan H., Ghandi A. e Khalilpour A. (2011b), Flutuações da comunidade fitoplanctónica nas águas costeiras do Mar Cáspio em 2006. American Journal of Applied Science 8, 1328-1336.

Bagheri, S., Mansor, M., Turkoglu, M., Makaremi, M. e Babaei, H. (2012a), Distribuição temporal do fitoplâncton no sudoeste do Mar Cáspio durante 2009-2010: uma comparação com inquéritos anteriores. J. Mar. Biol. Assoc. U.K. 92, 1243-1255.

Bagheri, S., Niermann, U., Sabkara J., Mirzajani, A. e Babaei, H. (2012b), Estado de Mnemiopsis leidyi (Ctenophora: Lobata) e mesozooplâncton nas águas iranianas do Mar Cáspio durante 2008 em comparação com inquéritos anteriores. Iran J Fish Sci.11, 732-754.

Bagheri, S., Mansor, M., Turkoglu, M., Wan Maznah, W.O. e Negarestan, H. (2012c), Phytoplankton Composition and Abundance in the southwestern Caspian Sea. Ekoloji. 83, 3243.

Bagheri, S., Sabkara, J., Mirzajani, A., Khodaparast, S.,H., Foong, S. e Yosefzad, E. (2013a), List of zooplankton taxa in the Caspian Sea waters of Iran. J Mar Biol. 2013, Artigo ID 134263.

Bagheri, S., Mansor, Ghandi, A. e Yosefzad, E. (2013b). Distribuição e estrutura de tamanho da medusa de pente, Mnemiopsis leidyi (Ctenophora) no sudoeste do Mar Cáspio. Afr. J. Agric. Res. 8 (5), 435-444.

Bagheri, S., Niermann, U., Mansor, M. e Yeok, F.S. (2014a), Biodiversidade, distribuição e abundância do zooplâncton nas águas iranianas do Mar Cáspio ao largo de Anzali durante 19962010. J. Mar. Biol. Assoc. U.K. 94, 129-140.

Bagheri, S., Turkuglo, M., Abedini, A. (2014b), Fitoplâncton e variações de nutrientes nas águas iranianas do Mar Cáspio (região de Guilan) durante 2003-2004. Turk. J. Fish. Aquat. Sci.14, 231-245.

Bagirov, R.M. (1989), The Azov and Black Sea species introduced to the Caspian benthos and biofouling. Tese de doutoramento, Universidade de Baku. 180 P.

Behrends, G. and Schneider, G. (1995), Impact of *Aurelia aurita* medusae (Cnidaria, Scyphozoa) on the standing stock and community composition of zooplankton in Kiel Bight (western Baltic Sea). Mar Ecol. Prog Ser. 127, 39-45.

Bilio, M. e Niermann, U. (2004), Será a geleia de pente a verdadeira culpada de tudo? *Mnemiopsis leidyi* e as preocupações ecológicas sobre o Mar Cáspio. Mar Ecol. Prog Ser. 296, 173-183.

Birshtain, Y.A., Vinogradova, L.G., Kondakov, N.N., Koon, M.S., Astakhova, T.V. e Romanova, N.N. (1968), Invertebrait atlas Caspian Sea. Moscova: Indastery food publisher. 610 P. (na Rússia)

Boero, F., Putti, M., Trainito, E., Prontera1, E., Piratino, S. and Shiganova, T.A. (2009), First records of *Mnemiopsis leidyi* (Ctenophora) from the Ligurian, Thyrrhenian and Ionian Seas (Western Mediterranean) and first record of *Phyllorhiza punctata* (Cnidaria) from the Western Mediterranean. Aquatic Invasions. 4, 675-680.

Bogdanova, D.P. and Konsoulov, A.S. (1993), On the distribution of the new ctenophore species *Mnemia mccradyi* in the Black Sea along the Bulgarian coastline in the summer of 1990. Doki Blug Akad Nauk. 46, 71-74.

Burrell, V.G. e Van-Engel, W.A. (1976), Predação e distribuição de um ctenóforo, *Mnemiopsis leidyi* Agassiz, no estuário do rio York. Estuar. Coast Shelf Sci. 4, 235-242.

Choudhury, A.K. and Pal, R. (2010), Phytoplankton and nutrient dynamics of shallow coastal stations at Bay of Bengal, Eastern Indian coast. Aquat Ecol. 44, 55-71.

CNN (2008), Winter storms of 2007/2008 (2008). Tempestade de neve no Irão, 5-7 de janeiro. Associated press via CNN, janeiro, 2008 [em linha]. [Acedido em 10 de janeiro de 2010]. Disponível em mundo wideweb :

http://en.wikipedia.org/wiki/Winter_storms_of_2007%E2%80%932008#January_5.E2.80.937

Costello, J.H., Sullivan, B.K., Gifford, D.J., Van, K.D. e Sullivan, L.J. (2006), Refúgios sazonais, amplificação térmica na costa e dinâmica metapopulacional do ctenóforo *Mnemiopsis leidyi* na Baía de Narragansett, Rhode Island. Limnol. Oceanogr. 51, 1819-1831.

Daskalov, G.M. e Mamedov, E.V. (2007), Integrated fisheries assessment and possible causes for the collapse of anchovy in the Caspian Sea, ICES, J. Mar. Res. 64, 503-511.

Dumont, H.J. (2000), Endemism in the Ponto-Caspian fauna, with special emphasis on the Onychopoda (Crustacea). Adv Ecol Res. 31, 181-196.

Edwards, M. e Richardson, A.J. (2004), The impact of climate change on the phenology of the plankton community and trophic mismatch. Nature. 430, 881-884.

Esmaeili, A., Abtahi B., Khoda-Bandeh, S., Talaeizadeh, R., Darvishi, F.D. e Terershad, H. (1999), First report on occurrence of a comb jelly in the Caspian Sea, J. Env. Sci. Tech. 3, 63-69.

Esser, M., Greve, W. e Boersma, M. (2004), Efeitos da temperatura e da presença de predadores bentónicos na distribuição vertical do ctenóforo *Pleurobrachia pileus*. Mar. Biol. 145, 595-601.

Faassel, M.A. and Bayha, K.M. (2006), O ctenóforo *Mnemiopsis leidyi* A. Agassiz 1865 nas águas costeiras dos Países Baixos: uma invasão não reconhecida? Aquat Inv. 1, 70-277.

Finenko, G.A., Kideys, A.E., Anninsky, B.E., Shiganova, T.A., Roohi, A., Tabari, M.R., Rostami, H. e Bagheri, S. (2006), Invasive ctenophore *Mnemiopsis leidyi* in the Caspian Sea: feeding, respiration, reproduction and predatory impact on the zooplankton community. Mar. Ecol. Prog. Ser. 314, 171-185.

Finenko, G.A. and Romanova, Z.A. (2000), The population dynamics and energetics of ctenophore *Mnemiopsis leidyi* in Sevastopol Bay. Oceanology. 40, 677-685.

Fuentes, V.L., Atienza1, D., Gili, J.M. and Purcell, J. E. (2009), First records of *Mnemiopsis leidyi* A. Agassiz 1865 off the NW Mediterranean coast of Spain. Aquat Inv. 4, 671-674.

Galil, B.S., Kress N. e Shiganova, T.A. (2009), Primeiro registo de *Mnemiopsis leidyi* Agassiz, 1865 (Ctenophora; Lobata; Mnemiidae) ao largo da costa mediterrânica. Aquat Inv. 4, 357-360.

Grigorovich, I.A., Therriault, T.W. e MacIsaac, H.J. (2003), History of aquatic invertebrate invasions in the Caspian Sea. Biol. Invasion. 5, 103-115.

GWRO (2010), Long term rivers water inflow into the Caspian Sea. Teerão, Irão: Guilan water resource organization publisher. 80 P.

Harris, R.P., Wiebe, P.H., Lenz, J. e Skjoldal, H.R. (2000), Zooplankton methodology manual. Impresso na Grã-Bretanha: Academic Press. 684 P.

Haslob, H., Huwer, B. e Schaber, M. (2011), *Mnemiopsis leidyi* na Bacia de Bornholm, Mar Báltico: Fenologia sazonal, influência hidrográfica na distribuição espácio-temporal e sobreposição com o Ictioplâncton. In: Jaspers, C. (ed.). *Mnemiopsis leidyi* in European waters where are they and what do we know? 10 de outubro, Universidade Técnica da Dinamarca, Copenhaga, Dinamarca: DTU Aqua. 15 P.

Hays, G.C., Ricjhardson, A.J. e Robinson, C. (2005), Climate change and marine plankton. Tendências em Ecologia e Evolução. 20, 1-6.

Hintikainen, J.M. (2009), On the ecology and global distribution of the American comb jelly *Mnemiopsis leidyi* and the Arctic ctenophore *Mertensia ovum*. Tese de diploma, Universidade de Oldenburg, Alemanha. 109 P.

Hossieni, A., Roohi, A., Ganjian, K.A., Roshantabari, M., Hashemian, A., Solimanroudi, A., Nasrollazadeh, H., Najafpour, S., Varedi, A. e Vahedi, F. (1998), Hydrology and hydrobiology of the southern Caspian Sea. Teerão, Irão: Editora IFRO. 510 P. (em persa).

Ivanov, V.P. (2000), The Biological resources of the Caspian. Astrakhan, Rússia: Casa do Cáspio, editora SIFI.100 P.

James, H.T. e Covich, A.P. (2001), Ecology and classification of North American freshwater invertebrates. Segunda edição. EUA: Academic press, 1065 p.

Javidpour, J., Molinero, J.C., Lehmann, A., Hansen T. e Sommer, U. (2009a), Avaliação anual da predação de *Mnemiopsis leidyi* num novo ambiente invadido, o Fiorde de Kiel (Mar Báltico Ocidental): uma questão preocupante? J. Plankton Res. 31, 729-738.

Javidpour, J., Molinero, J. and Peschutter, J. (2009b), Seasonal changes and population dynamics of the ctenophore *Mnemiopsis leidyi* after its first year of invasion in the Kiel Fjord, Western Baltic Sea. Biol. Invasion. 11, 873-882.

Kasimov, A.G. (1982), The role of Azov-Black Sea invaders in the productivity of the Caspian Sea benthos. Internationale revue der gesamten. Hydrobiologie. 67, 533-541.

Kasimov, A. (2000), Methods of monitoring in Caspian Sea. Baku, Azerbaijão: QAPP- POLIQRAF. 57 P.

Kideys, A.E. (2002), Fall and rise of the Black Sea ecosystem (Queda e ascensão do ecossistema do Mar Negro). Science. 297, 1482-1484.

Kideys, A.E. e Moghim, M. (2003), Distribuição do ctenóforo alienígena *Mnemiopsis leidyi* no Mar Cáspio em agosto de 2001. Mar. Biol. 142, 163-171.

Kideys, A. E. and Niermann, U. (1994), Occurrence of *Mnemiopsis* along the Turkish coasts (from northeastern Mediterranean to Istanbul). ICES J. Mar. Sci. 51, 423-427.

Kideys, A.E. and Romanova, Z. (2001), Distribution of gelatinous macrozooplankton in the southern Black Sea during 1996-1999. Mar. Biol. 139, 535-547.

Kideys, A.E., Roohi, A. e Bagheri, S. (2001), Monitoring *Mnemiopsis leidyi* in the Caspian Sea waters of Iran. Relatório final preparado para o Programa Ambiental do Cáspio, Baku, Azerbaijão: Editora CEP. 15 P.

Kideys, A.E., Roohi, A., Bagheri, S., Finenko, G. and Kamburska, L. (2005b) [Kideys *et al.*, (2005b)], Impacts of invasive ctenophores on the fisheries of the Black Sea and Caspian Sea, Oceanography. 18, 76-85.

Kideys, A.E., Roohi, A., Develi, E.E, Melin, F. e Beare, D. (2008), Aumento dos níveis de clorofila no sul do Mar Cáspio após uma invasão de medusas. Cartas de Investigação em Ecologia, Artigo ID 185642, 1-4.

Krebs, C.J. (1994), Ecological methodology. Segunda edição, Reino Unido: uma marca de Addison Wesley Longman. 620 P.

Kremer, P. (1994), Patterns of abundance of *Mnemiopsis leidyi* in U.S. coastal waters: a comparative overview. J. Mar. Sci. 51, 347-354.

Kurashova, E.K. (2009), *Acartia tonsa* Dana, 1848 (CaspNIRKH, Astrakhan, Rússia) [em linha]. [Acedido em dezembro de 2010]. Disponível na World Wide Web: www.caspianenvironment.org/biodb/eng/zooplankton/Acartia%20tonsa/main.htm

Makaremi, M., Sabkara, J. e Mohammadjani, T.K. (2006), Identificação e distribuição do fitoplâncton na zona húmida de Anzali e na costa do Mar Cáspio. Irão. J. Fish. Sci. 15, 129-149 (em persa).

Marques, S.C., Azeiteiro, U.M., Martinho, F. e Pardal, M.A. (2007), Variabilidade climática e comunidades planctónicas: O efeito de um evento extremo (seca severa) num estuário do sul da Europa. Estuar. Coast. Shelf Sci. 73, 725-734.

Malzahn, A., Hamer, H., Lesniowski, T., Asmus, R. e Boersma, M. (2011), *Mnemiopsis leidyi* em Helgoland e Sylt: Survey and experimental approaches and results. In: Jaspers, C. (ed.). *Mnemiopsis leidyi* in european waters where are they and what do we know? 10 de outubro, Universidade Técnica da Dinamarca, Copenhaga, Dinamarca: DTU Aqua. 15 P.

Mirzajani, A., Hamidian, A. H., Bagheri, S. e Karami, M. (2015), Possible effect of Balanus improvisuson Cerastoderma glaucumdistribution in the south-western Caspian Sea.1-10, doi:10.1017/S0025315415000788.

Moncheva, S., Gotsis-Skretas, O., Pagou, K. e Krastev, A., (2001), Phytoplankton blooms in Black Sea and Mediterranean coastal ecosystems subjected to anthropogenic eutrophication: similarities and differences. Estuar Coast Shelf Sci 53, 281-295.

Mutlu, E. (1999), Distribuição e abundância de Ctenophora (*Mnemiopsis leidyi*) e do seu alimento zooplanctónico no Mar Negro. Mar. Biol. 135, 603-613.

Mutlu, E. (2009), Recent distribution and size structure of gelatinous organisms in the southern Black Sea and their interactions with fish catches. Mar. Biol. 156, 935- 957.

Niermann, U. (2004), *Mnemiopsis leidyi*: Distribuição e efeito no ecossistema do Mar Negro durante os primeiros anos de invasão em comparação com outros blooms gelatinosos. In: H. Dumont (ed.). Aquatic invasions in the Black, Caspian, and Mediterranean Seas (Invasões aquáticas nos mares Negro, Cáspio e Mediterrâneo), Países Baixos: Kluwer Academic publisher. pp. 3-31.

Niermann, U., Kideys, A.E., Kovalev, A.V., Melnikov, V. e Belokopytov, V. (1999), Flutuação das espécies pelágicas do Mar Negro aberto durante 1980-1995 e possíveis teleconexões. In: S. Besiktepe, U. Unll, e S. Bologa (eds.). Environmental degradation of the Black Sea: challenges and remedies, Países Baixos: Kluwer Academic publisher. pp. 147-173.

Occhipinti-Ambrogi, A. e Ambrogi, R. (2009), Global change and loss of biodiversity in the world's oceans. Studi Trent. Sci. Nat. 86, 91-97.

Okogwu, O.I. (2010), Variações sazonais da composição de espécies e abundância de zooplâncton no lago Ehoma, um lago de planície de inundação na Nigéria. Int. J. Trop. Biol. 58, 171-182.

Oliveira, O.M. (2007), A presença do ctenóforo *Mnemiopsis leidyi* no Oslofjorden e considerações sobre as vias iniciais de invasão para os mares do Norte e Báltico. Aquat Inv. 2, 185-189.

Plotnikov, I., Aladin, N., Cretaux, J.F., Micklin, P., Chuikov, Y. e Smurov, A. (2006), Biodiversity and recent exotic invasions of the Caspian Sea. Verh. Internat.Verein Limnol. 29, 1-4. .

Polonsky, A.B., Basharin, D.V., Voskresenskaya, E.N. e Worley, S. (2004), North Atlantic oscillation: description, mechanisms, and influence on the eurasian climate. Phys. Oceanogr.15, 96-113.

Purcell, J.E. and Decker, M.B. (2005), Effects of climate on relative predation by scyphomedusae on copepods in Chesapeake Bay during 1987-2000. Limnol. Oceanogr. 50, 376-387.

Purcell, J.E., Shiganova, A.T., Decker, M.B. and Houde, E.D. (2001), The Ctenophora *Mnemiopsis leidyi* in native and exotic habitats: Estuários dos EUA versus a bacia do Mar Negro. Hydrobiologia. 451, 145-147.

Resende, P., Azeiteiro, U.M., Goncalves, F. e Pereira, M.J. (2007), Distribuição e preferências ecológicas de diatomáceas e dinoflagelados na zona costeira do Oeste Ibérico (Norte de Portugal). Ata Oecologica. 32, 224-235.

Reusch, T.B.H., Bolte, S., Sparwel, M., Moss, A. e Javidpour, J. (2010), Microsatellites reveal origin and genetic diversity of eurasian invasions by one of the world's most notorious invader, *Mnemiopsis leidyi* (Ctenophora). Mol. Ecol. 19, 2690-2699.

Richardson, A.J. (2008), In hot water: zooplankton and climate change ICES J. Mar Sci. 65, 279295.

Rodionov, S.N. (1994), Global and regional climate interaction: the Caspian Sea experience. Dordrecht: Kluwer Academic publisher. 140 P.

Roohi, A. (2009), Dinâmica populacional e efeitos da espécie invasora ctenóforo *Mnemiopsis leidyi* no sul do Mar Cáspio. Tese de doutoramento. Universiti Sains Malaysia. 152 P.

Roohi, A., Kideys, A.E., Sajjadi, A., Hashemian, A., Pourgholam, R., Fazli, H., Khanari, A.G. e Eker, E. (2010), Changes in biodiversity of phytoplankton, zooplankton, fishes and macrobenthos in the Southern Caspian Sea after the invasion of the ctenophore *Mnemiopsis leidyi*. Biol. Invasion. 12, 2343-2361.

Roohi, A., Yasin, Z., Kideys, A.E., Hwai, A.T., Khanari, A.G. e Eker-Develi, E. (2008), Impact of a new invasive ctenophore (*Mnemiopsis leidyi*) on the zooplankton community of the Southern Caspian Sea. Mar. Ecol. 29, 421-434.

Ruttner, K.A. (1974), Plankton Rotifera biology and taxonomy. Stuttgardt, Alemanha: E. Schweizerbart, Verlagsbuchhandlung (Nagele U. Obermiller). 134 P.

Sabkara, J., Bagheri, S. e Makaremi, M. (2007), Effects of ctenophores on the Copepoda community in the Southern Caspian Sea (Guilan district). In: Oryan, S. (ed.). Actas da sétima conferência sobre Ciências e Tecnologias Marinhas. 20-24 de junho, Universidade Emam Khomeini. Nowshahr, Irão: ISMSI. pp. 137-139 (em persa).

Shiganova, T.A., Dumont, H., Sokolsky, A.F, Kamakin, A., Tinenkova, D. e Kurasheva, E.K. (2004), Population dynamics of *Mnemiopsis leidyi* in the Caspian Sea, and effects on the Caspian ecosystem. In: Aquatic invasions in the Black, Caspian and Mediterranean Seas. In: H. Dumont, T.A. Shiganova, e U. Niermann, (eds.). Earth and environmental sciences. Países Baixos, NATO science series 4: Kluwer Academic publisher. pp. 71-111.

Shiganova, T.A., Kamakin, A.M., Zhukova, O.P., Ushitsev, V.B., Dulimov, A.B. and Musaeva, E.I. (2001a) [Shiganova *et al.*, (2001a)], The invader into the Caspian Sea ctenophore *Mnemiopsis leidyi* and its initial effect on the pelagic ecosystem. Oceanologia. 41, 517-524.

Shiganova, T.A., Musaeva, E.I., Pautova, L.A. e Bulgakova, Y.V. (2005), The problem of invaders in the Caspian Sea in the context of the findings of new zoo- and phytoplankton species from the Black Sea. Biol Bull. 32, 78-87.

Shiganova, T.A, Sokolsky, A.F, Karpyuk, M.I, Kamakin, A.M, Tinenkova, D. and Kuraseva, E.K. (2001b) [Shiganova *et al.*, (2001b)], Investigation of invader ctenophore and its effect on Caspian ecosystem in Russia in 2001 [em linha]. [Acedido em 21 de dezembro de 2009]. Disponível na World Wide Web: http://www.cep.com/contents.htm

Sipkay, S.S., Kiss, K.T., Vadadi-Fulop, C.S. e Hufnagel, L. (2009), Trends in research on the possible effects of climate change. Appl. Ecol. Env. Res. 7, 171-198.

Sommer, U. e Lengfellner, K. (2008), Climate change and the timing, magnitude and composition of the phytoplankton spring bloom. Global Change Biol. 14, 1199-1208.

Sommer, U. e Lewandowska, A. (2011), Climate change and the phytoplankton spring bloom: warming and overwintering zooplankton have similar effects on phytoplankton. Global Change Biol. 17, 154-162.

Steele, J.H. (2004), Regime shifts in the ocean: reconciling observations and theory. Prog. Oceanogr. 60, 135-141.

Sullivan, L.J. (2010), Evacuação intestinal de larvas de *Mnemiopsis leidyi* A. Agassiz (Ctenophora, Lobata). J. Planton Res. 32, 69-74.

Sullivan, B.K., Costello, J.H. and Van Keuren, D. (2007), Seasonality of the copepods *Acartia hudsonica* and *Acartia tonsa* in Narragansett Bay, RI, USA during a period of climate change. Estuar. Coast. Shelf Sci. 73, 259-267.

Sullivan, L.J. and Gifford, D.J. (2004), Diet of the larval ctenophore *Mnemiopsis leidyi* A. Agassiz (Ctenophora, Lobata). J. Planton Res. 26, 417-431

Suttle, K.B., Thomsen, M.A. and Power, M.E. (2007), Species interactions reverse grassland responses to changing climate. Science. 315, 640-642.

Ter Braak, C.J.F. (1986), Canonical correspondence analysis, a new eigenvector technique for multivariate direct gradient analysis. Ecology. 67, 1167-1179.

Tinenkova, D.H., Tarassova, L.I. e Petrenko, E.L. (2000), Distribuição do colonizador *Acartia tonsa* no Mar Cáspio. In: Species-invaders in the european seas of Russia, Proceedings of the workshop. Moscovo, Rússia: Editora Murmansk, pp. 89-91.

Vinogradov, M.E., Shushkina, E.A., Musaeva, E.I. e Sorokin, P.Y. (1989), Uma nova espécie aclimatada no Mar Negro: O ctenóforo *Mnemiopsis leidyi* (Ctenophora: Lobata). Oceanology. 29, 220-224.

Wasmund, N., Gobel, J. e Bodungen, B. (2008), 100-years-changes in the phytoplankton community of Kiel Bight (Baltic Sea). J. Mar. Syst. 73, 300-322.

Apêndice

Apêndice A: Número de taxa de zooplâncton no sudoeste do mar Cáspio entre 1996 e 2010

Taxa	Year									Number of taxa
	1996-97	2001	2002	2003	2004	2005	2006	2008	2009-10	
Ctenophora	0	1	1	1	1	1	1	1	1	1
Ciliata	0	4	4	1	1	1	0	1	2	5
Cladocera	9	0	1	0	1	1	1	5	1	13
Copepoda	11	3	3	3	3	3	2	5	4	12
Rotifera	4	5	10	2	3	3	3	3	8	17
Holoplankton	**24**	**13**	**19**	7	**9**	**9**	7	**15**	**16**	**48**
Arachnida	1	0	0	0	0	0	0	1	1	1
Cirripedia	2	2	2	2	2	2	2	2	2	2
Crustacea	1	0	0	0	0	0	0	0	0	1
Foraminifera	1	1	1	0	1	1	0	0	1	1
Bivalvia	1	1	1	1	1	1	1	1	0	1
Nematoda	0	0	0	0	1	1	1	1	1	1
Ostracoda	0	0	1	0	0	0	0	0	0	1
Pisces	2	2	1	0	2	2	2	2	2	2
Polychaeta	0	1	1	1	1	1	1	2	1	1
Porifera	0	0	0	0	0	0	0	1	0	1
Pseudocuma	1	0	0	0	0	0	0	0	0	1
Meroplankton	**9**	**7**	7	**4**	**8**	**8**	7	**10**	**8**	**13**
Zooplankton total	**33**	**20**	**26**	**11**	**17**	**17**	**14**	**25**	**24**	**61**

Apêndice B: Imagens do zooplâncton predominante no sul do Mar Cáspio em 2010 (Foto de J. Sabkara)

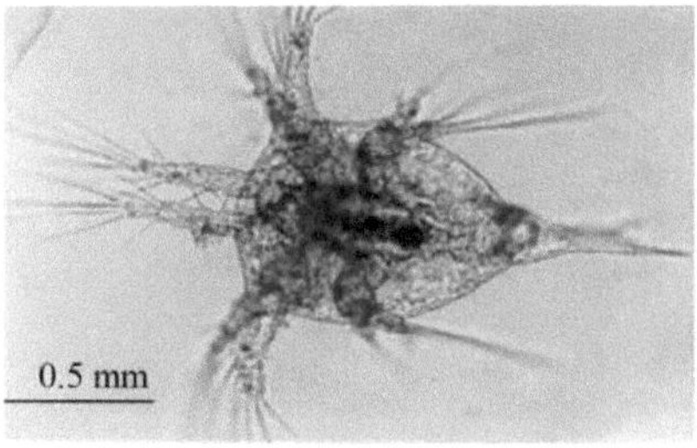

Balanus sp. nauplii

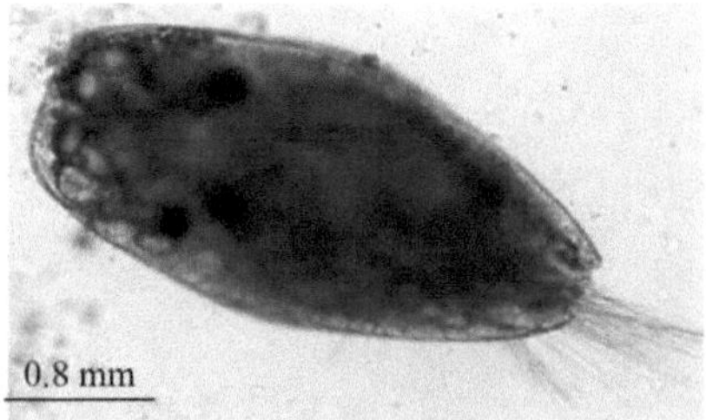

Balanus sp. cypris

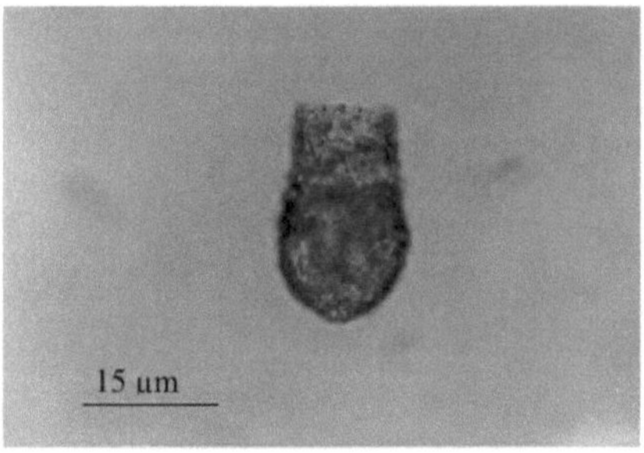

Tintinnopsis tubulosa

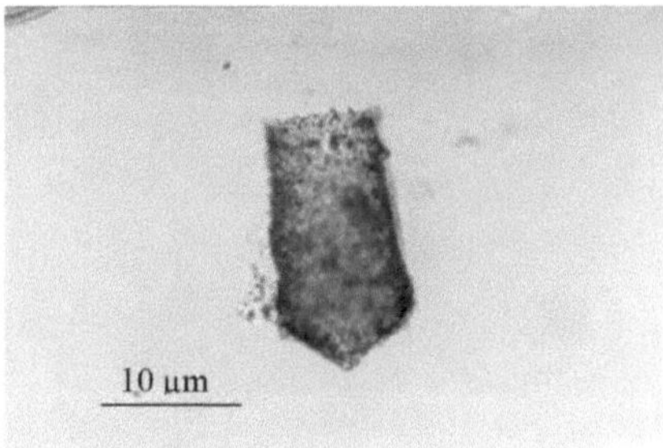

Codonella relicta

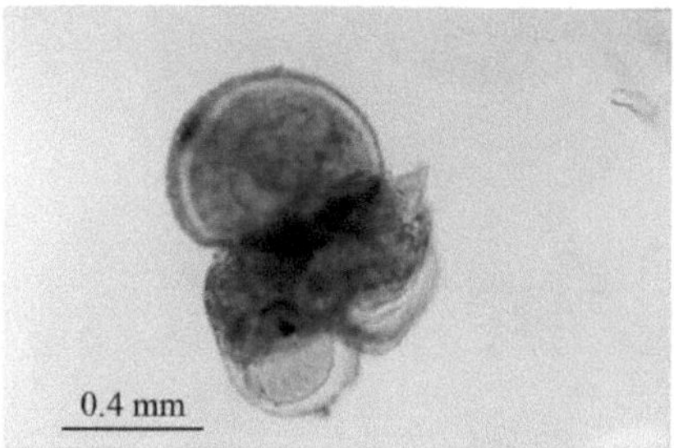

Pleopis polyphemoides

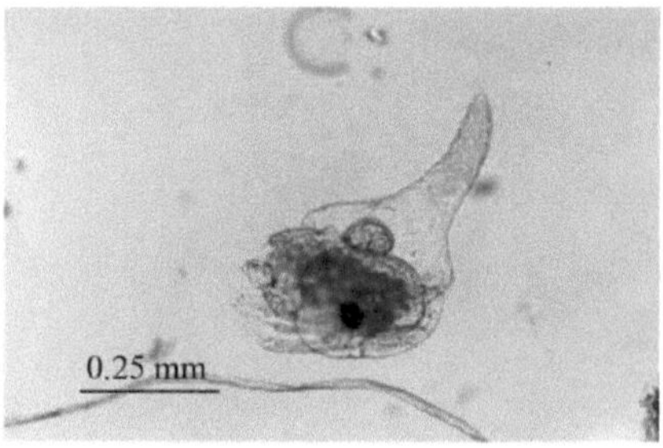

Podonevadene sp.

Apêndice F. (Continuação)

1.0

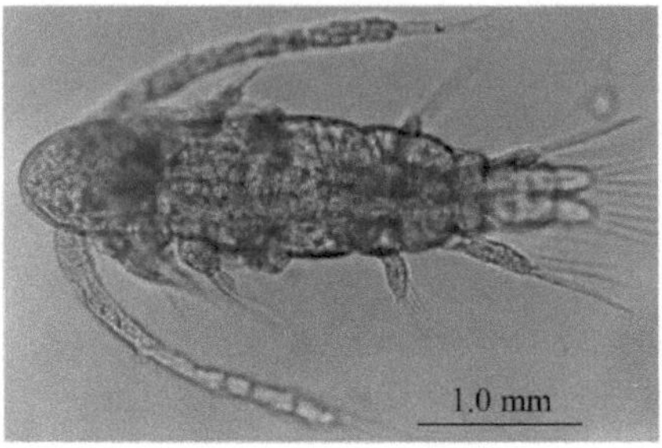

Acartia tonsa

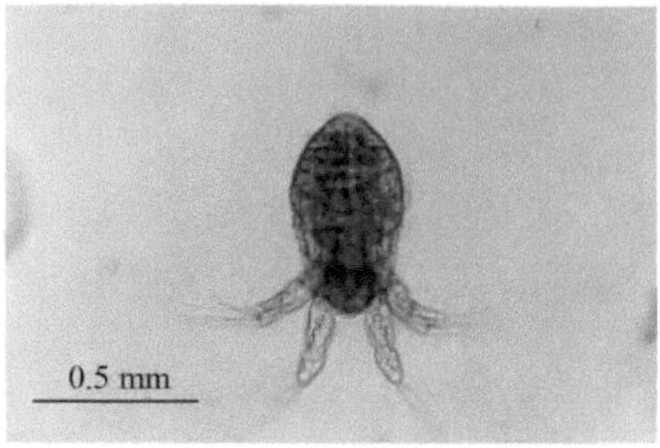

A. tonsa nauplii

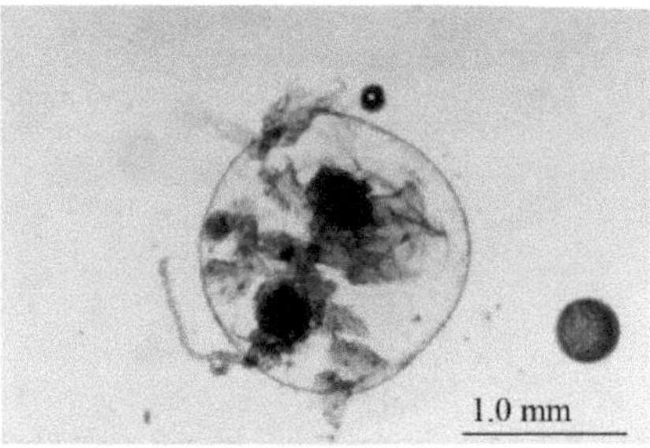

Mnemiopsis leidyi

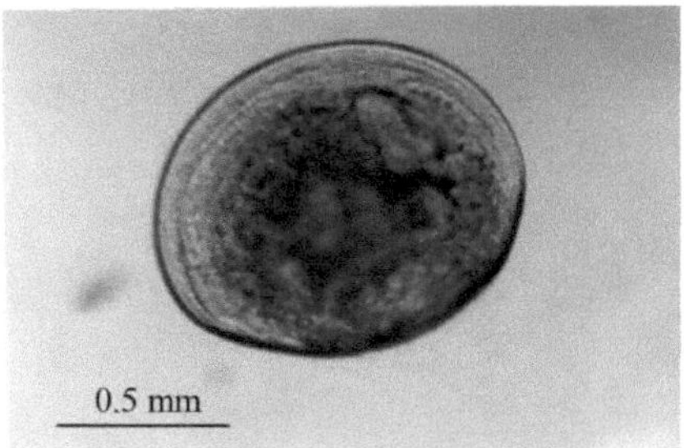

Bivalvia larvae

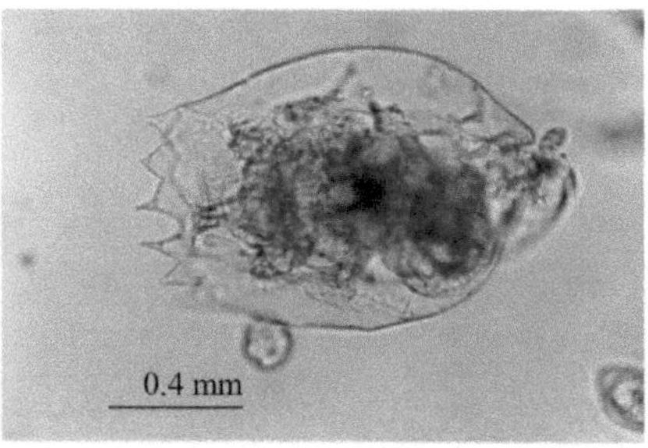

Brachionus sp.

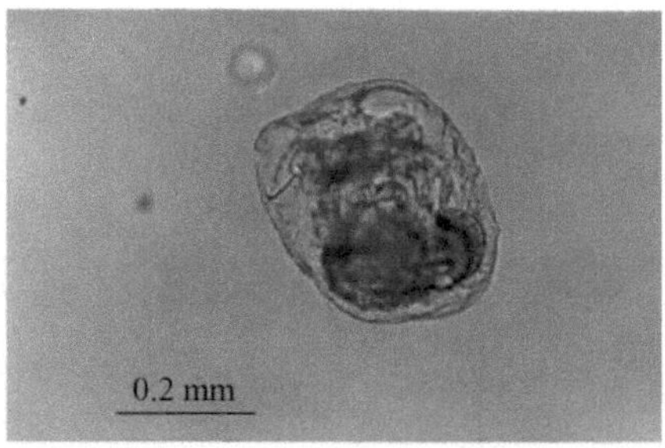

Synchaeta sp.

MIX
Papier aus verantwortungsvollen Quellen
Paper from responsible sources
FSC® C105338

Printed by Books on Demand GmbH, Norderstedt / Germany